DR. HELGA HOFMANN

Alpenblumen

Liebe Leserin, lieber Leser,

wer im Frühling und in den Sommermonaten hinaufwandert, um die herrliche Berglandschaft der Alpen zu genießen, der will sein Auge auch auf die bunte Welt der Blumenwiesen oder auf an entlegenen Stellen wachsende Pflanzenschönheiten richten, die selbst in karger Umgebung ihre Blütenpracht entfalten. Je höher man steigt – von der Waldzone über die Krummholzregion mit ihrem charakteristischen Latschenbewuchs bis hin zur Stufe der Zwergstrauchheiden und Matten – desto mehr Lebenskraft wird den Pflanzen abverlangt. In der kurzen Vegetationsperiode sind sie nicht nur Schneelast und Kälte, sondern auch schneidendem Wind und brennender Sonne ausgesetzt. Und dann gibt es da noch die Überlebenskünstler, die als farbenfrohe Tupfer selbst an den unwirtlichsten Orten wie im grauen Gestein und groben Felsschutt zu bezaubern wissen und zu denen man sich staunend hinabbeugt.

Der vorliegende Band wird Sie in die Welt dieser ebenso widerstandsfähigen wie zerbrechlichen Alpenblumen mitnehmen, um Ihnen ihre Bestimmung zu ermöglichen. Dabei ist es uns ein besonderes Anliegen, auch auf die Schutz- und Vorsichtsmaßnahmen hinzuweisen, die vonnöten sind, um die Artenvielfalt dieses Lebensraumes zu erhalten und Wunden in der Pflanzendecke zu vermeiden. Um Ihnen die Bestimmung zu erleichtern, haben wir die Arten auf den kommenden Seiten nach Blütenfarben angeordnet. Unser Anspruch war dabei nicht die Vollständigkeit aller Pflanzenarten, sondern eine stichhaltige und populäre Auswahl derjenigen Alpenblumen, die Sie tatsächlich in der Natur antreffen werden und mit diesem Buch sicher identifizieren können. Die kleinen Geschichten, die wir dabei erzählen, werden sich nachhaltig in Ihre Erinnerung einprägen – damit sie von Ihnen weitergegeben werden.

Mit herzlichem Gruß

Georg Kessler
Der Herausgeber

Alpenblumen

Die faszinierende Welt der Alpenblumen

Woran liegt es, dass unter den heimischen Wildblumen Enzian, Edelweiß & Co. so weit oben stehen in der Beliebtheitsskala? Daran, dass sie so hübsche bunte Farbtupfer auf Almwiesen und Felshänge zaubern? Oder sind wir beeindruckt von der Zähigkeit, mit der die zarten Blumen dem rauen Bergklima trotzen? Oder befinden wir uns auf Bergwanderungen einfach generell in Urlaubsstimmung und nehmen uns daher die Zeit, den Schönheiten der Natur am Wegesrand unsere Aufmerksamkeit zu schenken?

Vermutlich treffen alle diese Gründe gemeinsam zu. Und wer erst einmal begonnen hat, sich mit den Alpenblumen zu befassen, der ist gefesselt von ihrer enormen Artenvielfalt und Lebenskraft.

Wissenschaftliche Pflanzennamen

Die allermeisten Alpenblumen haben nicht nur einen, sondern mehrere deutsche Namen. Oft unterscheiden sich diese Namen nicht nur von Region zu Region, sondern bereits von Tal zu Tal. Um die Verwirrung komplett zu machen, ist manchmal auch ein und derselbe Name für verschiedene Pflanzen gebräuchlich.

Damit Missverständnisse ausgeschlossen sind, verwenden Botaniker daher wissenschaftliche Artnamen. Diese sind eindeutig und haben internationale Gültigkeit. Sie sind von lateinischen oder griechischen Begriffen hergeleitet und bestehen grundsätzlich aus zwei Teilen: Das erste Wort bezeichnet die Verwandtschaftsgruppe (Gattung), zum Beispiel Gentiana *für die Enziane. Der zweite Namensbestandteil benennt die konkrete Art, etwa* Gentiana verna *für den Frühlingsenzian. Von manchen Pflanzen unterscheidet man zudem verschiedene Unterarten, die mit der Abkürzung* ssp. *(für lateinisch* subspezies*) und einem dritten Namensbestandteil gekennzeichnet werden. So trägt etwa die Alpen-Hauswurz, eine Unterart der Hauswurz, den wissenschaftlichen Namen* Sempervivum tectorum ssp. alpinum.

Die Behaarte Primel, ein blühender Winzling im Felsenmeer

VON EINWANDERERN UND AUSSIEDLERN – DIE GESCHICHTE DER ALPENPFLANZEN

Wie kommt es, dass in der Kargheit der Berge eine derart vielfältige Gesellschaft an Blumen ihr Zuhause hat? Zum einen liegt es natürlich daran, dass sich die Standortbedingungen in den Bergen auf Schritt und Tritt ändern. Somit können die verschiedensten Pflanzen ein Fleckchen finden, an dem sie ihr Auskommen haben.

Doch ist die Mannigfaltigkeit der Alpenflora auch auf ihre bewegte Geschichte zurückzuführen. Um ihre Anfänge zu verstehen, müssen wir weit zurückblicken, bis ins Zeitalter des Tertiärs. Der Beginn dieses für die Alpenentstehung so wichtigen Erdzeitalters liegt etwa 65 Millionen Jahre zurück. Damals war das Klima auf der Erde noch wesentlich wärmer als heute, und Mitteleuropa war von einer subtropischen Pflanzenwelt bedeckt. Außerdem bestand damals noch eine Landbrücke, die Europa über Grönland mit Nordamerika verband.

Im Laufe des Tertiärs schoben sich über Jahrmillionen hinweg die Platten der Kontinente allmählich übereinander und die Gebirgszüge unserer Alpen falteten sich auf. Die tertiären Pflanzen des Tieflands wurden dabei mit emporgehoben. Sie, die bislang im Tiefland ein warmes, feuchtschwüles Klima gewohnt waren, fanden sich in den Gebirgshöhen nun nach und nach mit ganz anderen Bedingungen

Auf schroffen Zinnen und Graten, wo kaum Schnee liegen bleiben kann, wächst das Dolomiten-Fingerkraut aus schmalen Gesteinsspalten heraus und überzieht die Felsen mit einem dichten Blätterteppich. So konnte es sogar die Eiszeiten überdauern.

konfrontiert: Frost und Stürme machten ihnen nunmehr das Leben schwer. Doch manche Arten schafften es, sich an diese neuen, unwirtlichen Lebensbedingungen anzupassen und bergtaugliche Varianten auszubilden. So haben sich zum Beispiel die Alpenglöckchen-Arten nachweislich aus tertiären Waldprimeln entwickelt.

Die Eiszeiten

Zum Ende des Tertiärzeitalters, etwa vor 2,6 Millionen Jahren, veränderte sich die Situation erneut. Mit dem nachfolgenden Quartär setzte eine Periode ein, die von wiederholten Vereisungen geprägt war. Das Hereinbrechen der Eiszeiten stellte für die Pflanzenwelt eine Katastrophe dar. Die Gletscher wuchsen an, und nach und nach wurden die Alpen zur Gänze unter einem Eispanzer begraben. Bis weit ins Alpenvorland reichte das Eis hinaus, während von Norden her gleichzeitig das skandinavische Eis näher rückte. Zwischen beiden Eismassen blieb in Europa lediglich ein schmaler Streifen Landes, an manchen Stellen kaum 300 Kilometer breit, eisfrei.

Könnte man die Alpen in einem Jahrtausende umfassenden Zeitraffer betrachten, sähe man die verschiedenen Pflanzenarten in diesen kritischen Zeiten regelrecht wandern. Manche flüchteten sich auf steile Felsen und Grate, auf denen kein Schnee liegen bleiben konnte. Solche von Schnee und Eis umschlossene Felsspitzen und Grate nennt man Nunatakker, ein Wort, das aus der Eskimosprache kommt. Es wird vermutet, dass diese »Inseln im Eis« etlichen Pflanzenarten das Überleben während der Eiszeiten ermöglichten, so zum Beispiel dem Himmelsherold, dem Dolomiten-Fingerkraut oder dem Schweizer Mannsschild.

Andere Arten überlebten in dem eisfreien Gürtel, der sich quer durch Mitteleuropa zog. Hier trafen auch Flüchtlinge aus den Kälteregionen Skandinaviens, Sibiriens, des asiatischen Altai-Gebirges und aus Nordamerika ein. Als sich die Gletscher am Ende der Eiszeiten schließlich wieder zurückzogen, konnten diese Pflanzen nachrücken und die eisfrei werdenden Gebiete neu besiedeln. Auf diese Weise kamen der Allermannsharnisch aus dem Altai-Gebirge, die Gämsheide aus Nordamerika und das Edelweiß aus den Steppen Zentralasiens zu uns in die Alpen.

ZARTES GRÜN UND DERBES HOLZ – VERSCHIEDENE WUCHSFORMEN

»Alpenblumen«, das ist die landläufige Bezeichnung für alle Gewächse, die in den Bergen bunte und auffällige Blüten hervorbringen. Botanisch gesehen umfassen sie die unterschiedlichsten Wuchsformen.

Auch wenn der Gletscher-Hahnenfuß mit seinen zarten Blütenschalen ungemein verletzlich wirkt, ist er doch enorm hart im Nehmen. Noch in über 4000 m Höhe trotzt er Eis und Schnee und weiß sich auch auf unwirtlichem Gesteinsschutt und blankem Fels zu behaupten.

- *Einjährige Pflanzen* leben nur eine einzige Vegetationsperiode lang. Sie keimen, wachsen und blühen innerhalb dieser Zeitspanne und beenden ihren Lebenszyklus schließlich mit der Bildung von Samen. In den Alpen sind die Einjährigen nur spärlich vertreten, denn in höheren Lagen wird ihnen schlicht die Zeit zu knapp, um den gesamten Lebenszyklus zu vollenden. Lediglich in tieferen Zonen oder an vollsonnigen Hängen lassen sich einige einjährige Arten finden, etwa der Zwerg-Augentrost, der Dunkle Mauerpfeffer (*Sedum atratum*) oder der Schnee-Enzian (*Gentiana nivalis*). Insgesamt sind gerade mal fünf Prozent der Alpenblumen einjährig, während außerhalb der Alpen diese Pflanzengruppe etwas mehr als 20 Prozent der gesamten Artenzahl ausmacht.
- *Mehrjährige Pflanzen* stellen mit Abstand die größte Gruppe der Alpenblumen dar. Der Botaniker spricht von Stauden, gleichgültig, ob es sich um ein meterhohes, üppiges Gewächs handelt oder um einen nur wenige Zentimeter großen Winzling. Das Kriterium ist, dass eine Staude mehrere Jahre lebt und den Winter übersteht, indem sie Reservestoffe in den Wurzeln speichert und im Frühjahr neue Stängel und Blätter austreibt.
- *Zwiebelpflanzen* stellen gewissermaßen eine Sonderform der Mehrjährigen dar. Sie lagern ihre Nährstoffvorräte in fleischig verdickte, oft tief im Boden verborgene Blätter ein, die schalenförmig übereinander liegen und so eine Zwiebel bilden. Die Feuerlilie und der Allermannsharnisch entwickeln ebenso derartige Speicherorgane wie die Sternblütige Narzisse (*Narcissus poeticus* ssp. *radiiflorus*). Da die Zwiebeln – auch zum Schutz vor Frost und Trockenheit – eine gewisse Bodentiefe benötigen, wird man diese Blumen in felsigen Bereichen vergeblich suchen.
- *Sträucher* mit ihren verholzten Zweigen sind gleichfalls winterfest. Aufgrund des vielen Schnees kommen im Hochgebirge vor allem Zwergsträucher vor, manche nur wenige Zentimeter hoch wie zum Beispiel die Gämsheide. Vollständig unter einer Schneedecke begraben, bleiben die Zwergsträucher vor allzu tiefem Frost geschützt. So vermögen manche Arten, etwa die Immergrüne Bärentraube, sogar den Winter zu überstehen, ohne ihre Blätter abzuwerfen. Hochwüchsige Sträucher hätten im Winter nicht nur unter dem ungemilderten Frost, sondern ebenso unter Schneebruch zu leiden. Zudem böten sie das ganze Jahr über den zerstörerischen Stürmen des Hochgebirges eine allzu große Angriffsfläche. Gehölze wie die Silberwurz oder die schon genannte Immergrüne Bärentraube werden auch als Spaliersträucher bezeichnet. Sie bleiben zwar zwergenhaft niedrig, entwickeln dabei aber durchaus

Mit langen Ausläufern legt sich die Kriechende Nelkenwurz (links, Fruchtstände) über Felsschutt. Auch die Zweige der Alpen-Bärentraube (rechts, in der Herbstfärbung) bedecken weite Flächen.

lange Triebe, die sich eng dem Boden oder Fels anschmiegen. Das erinnert an die Spalierobstbäume an der Hauswand, nur in die Waagerechte übertragen.

- *Halbsträucher* stellen eine Art »Halb-und-Halb-Pflanze« dar, unten Strauch und oben Staude. Das Dolomiten-Fingerkraut etwa oder der Alpen-Steinquendel sind Beispiele für diese Wuchsform. Ihre Triebe sind an der Basis verholzt, während sie an ihrem Ende krautig wachsen.

Langsamer Wuchs

Die kurze Vegetationsperiode bedingt, dass im Hochgebirge das Wachstum mancher mehrjähriger Pflanzen sehr langsam vor sich geht. Wie langsam, das kann man unmittelbar sehen an den Jahresringen der verholzten Gewächse. Die »Stämmchen« der Silberwurz zum Beispiel weisen oft Jahresringe von gerade mal 0,1 Millimeter auf. Doch auch unter den Stauden gibt es bemerkenswert langsames Wachstum. So braucht der Gletscher-Hahnenfuß für die Entwicklung seiner Blüten mehrere Jahre. Eine Blütenknospe, die im Sommer angelegt wird, entwickelt sich im Jahr darauf nur etwas weiter. Erst im dritten Jahr entfaltet sich schließlich die Blüte.

BUNTES VÖLKCHEN IM STEINERNEN GRAU

Die Farben der Alpenblumen sind zweifellos das, was dem Bergwanderer als erstes und schon von weitem ins Auge sticht. Aber nicht nur dem Wanderer! Die bunten Blüten der Pflanze sind »Werbung«, mit der bestäubende Insekten angelockt werden (siehe Seite 34/35). Doch belassen es die Pflanzen vielfach nicht bei den Grundfarben, sondern versehen ihre Blütenblätter mit Flecken, Strichen oder anderen Zeichnungen. Die Muster dienen als Markierungen, mit deren Hilfe die Insekten den Weg zu Nektar und Pollen leichter finden.

Entstehung der Farben

Dass Blüten farbig erscheinen, beruht auf einer Ansammlung bestimmter Farbstoffe in den Blütenblättern. Jede dieser Substanzen reflektiert einen gewissen Anteil des Sonnenlichts, den unser Auge dann als Farbe wahrnehmen kann. Durch Kombination unterschiedlicher Farbstoffe in verschiedenen Mengenverhältnissen entstehen Mischfarben und Zwischentöne. Auch das Wetter spielt eine Rolle: Bei grauem Himmel wirken manche Farben ganz anders als bei hellem Sonnenschein. Insbesondere der Übergang von Blau zu Rot wird hierdurch stark beeinflusst. Bei weißen Blüten wird das gesamte Spektrum des Sonnenlichts reflektiert.

Gewusst, wo – Pflanzenbestimmung mit dem Naturführer

Die Farben der Alpenblumen stellen eine so markante Eigenschaft dar, dass wir die in diesem Buch beschriebenen Arten nach ihren Blütenfarben geordnet haben. Die Mehrzahl der Pflanzen bildet entweder rote, weiße, blaue oder gelbe Blüten aus. Da in der Natur jedoch nichts einfach nach »Schema F« abläuft, gibt es auch bei den Blütenfarben viele Variationen und Ausnahmen.

Die Silberdistel ist im Kapitel »Blütenfarbe weiß bis creme« zu finden, obwohl ihre Blüten eigentlich gelb bis braun gefärbt sind. Der Kranz silberweißer Blätter, der den Blütenstand umschließt, gibt hier den Ausschlag.

Bei manchen Alpenblumen schlägt die Blütenfarbe während der Lebensdauer um, so etwa beim Alpen-Vergissmeinnicht, dessen zunächst rosa getönte Blüten mit der Zeit blau werden.

- So können üblicherweise *rosa* blühende Pflanzen durchaus auch einmal beinahe weiß aussehen. Und umgekehrt: normalerweise *weiß* blühende Pflanzen können gelegentlich rosa Blüten tragen. Sehen Sie im Zweifelsfall also unter beiden Kapiteln nach, wenn Sie eine rosa blühende Pflanze identifizieren wollen.
- Auch *violett* blühende Arten sind oft strittig: Ist der Farbton mehr ein Rotviolett oder ein Blauviolett? Das hängt nicht nur von der persönlichen Wahrnehmung ab, viele Blumen können tatsächlich beiderlei Tönungen hervorbringen. Licht und Mineralstoffversorgung der Pflanze am Standort spielen hier eine große Rolle. Die verantwortlichen Farbstoffe, die Anthocyane, erscheinen eher rot, wenn der Zellsaft sauer ist, und eher blau, wenn er basisch reagiert. Sehen Sie bei der Identifizierung einer violetten Pflanze daher stets sowohl im Kapitel »Rot« als auch bei »Blau« nach.
- Die Farbgruppe *Gelb* ist alles andere als einheitlich. Die Blütenfarben reichen von zartem Hellgelb bis zu tiefem Dottergelb oder Gelborange. Zudem ist Grünlichgelb vertreten.
- Und was macht man mit *zweifarbigen Blüten*? Etwa mit der gelb-weißen Buchsblättrigen Kreuzblume oder dem gelb-roten Frauenschuh? In solchen Fällen haben wir uns bei der Zuordnung der Pflanze nach der auf den ersten Blick dominierenden Farbe gerichtet – in den genannten Beispielen also Gelb.

VIELFALT IM DESIGN: DIE FORMEN DER BLÜTEN

Wenngleich die Blüten der Alpenblumen eine enorme Formenvielfalt an den Tag legen, folgen sie doch alle demselben Grundbauplan aus Kron- und Kelchblättern, den Pollen produzierenden Staubblättern und dem Fruchtknoten samt Griffel und Narbe (siehe hinterer Bucheinband, innen). In den meisten Fällen bestimmen die Kronblätter das Erscheinungsbild der Blüte. Um das Auffinden einer bestimmten Blume zu erleichtern, haben wir daher die Reihenfolge der Arten innerhalb eines Farbkapitels nach der Anzahl und der Form der Kronblätter geordnet. Den Anfang machen die vierblättrigen Blüten, gefolgt von den fünf- und dann den mehrblättrigen. Den Schluss bilden die kompliziert aufgebauten, spiegelsymmetrischen Blütenformen.

Gemeinsam sind sie stärker

Viele Pflanzen, vor allem diejenigen mit sehr kleinen Einzelblüten, bündeln ihre Blütchen zu größeren Blütenständen. Auf diese Weise bilden sie von der Ferne gesehen einen breiteren »Farbklecks«, der im Grün der Blätter stärker auffällt.

Je nach Aufbau und Zusammensetzung unterscheidet man verschiedene Typen von Blütenständen, etwa Dolden oder Rispen.

Korbblütler wie die Alpen-Aster haben eine Sonderrolle. Was auf den ersten Blick wie eine Einzelblüte aussieht, ist in Wirklichkeit ein Blütenstand, der sich aus zahllosen kleinen Blüten zusammensetzt. In diesem Buch sind sie nach der Farbe ihrer äußeren zungenförmigen Blüten eingeordnet, im Fall der Alpen-Aster also unter Blau.

BLÄTTER, DAS GRÜNE KLEID DER ALPENBLUMEN

Blüten sind zwar charakteristisch für jede Pflanze, zeigen sich aber nur begrenzte Zeit. Blätter dagegen sind während der ganzen Vegetationsperiode vorhanden. Sie stellen daher neben den Blüten das wichtigste Erkennungsmerkmal einer Pflanze dar. Für die sichere Artenbestimmung sollte man daher immer Blüten *und* Blätter heranziehen.

Ihr Job: Energiegewinnung

Mit ihrer flach ausgebreiteten Form und der grünen Farbe sind die Blätter perfekt für ihre Aufgabe geeignet. Mithilfe des grünen Blattfarbstoffs Chlorophyll fangen sie das Sonnenlicht ein und nutzen dessen Energie, um aus Wasser und dem Kohlendioxid der Luft pflanzeneigene Stoffe zu produzieren. Um genau zu sein, wird in den Blättern zunächst einmal Zucker bzw. Stärke gebildet. Aus diesen Ausgangsprodukten vermag die Pflanze sodann alle Stoffe zu produzieren, die sie zum Wachsen und zum Leben braucht.

Blattstellungen

Grundständige Blätter, auch kurz *Grundblätter* genannt, sitzen dem Stängel ganz unten an. Häufig wirkt das so, als kämen sie direkt aus dem Boden. In vielen Fällen bilden sie in ihrer Gesamtheit eine Rosette. Solche *Rosettenblätter* wachsen aus einem stark verkürzten Pflanzenstängel heraus und überlappen sich meist spiralig.

Die am Stängel sitzenden Blätter, auch kurz *Stängelblätter* genannt, können entweder wechsel- oder gegenständig angeordnet sein.

- Bei *wechselständigen Blättern* setzt immer nur ein einzelnes Blatt an einer Stängelstelle an, das nächste Blatt folgt ein Stückchen höher und – das ist entscheidend – *in der Richtung versetzt*.
- Bei *gegenständigen Blättern* stehen sich jeweils zwei Blätter am Stängel gegenüber. Bildet das nächstfolgende Blattpaar einen 90-Grad-Winkel zum vorherigen, wie es zum Beispiel für die Enziane typisch ist, spricht man von kreuzgegenständig.
- Setzen pro Ansatzstelle drei oder mehr Blätter an, haben wir es mit einer *wirteligen Anordnung* zu tun.

Gar nicht selten übrigens sehen die Grundblätter einer Staude ganz anders aus als die Stängelblätter. Selbst die oberen und die unteren Stängelblätter können sich durchaus deutlich unterscheiden. Am oberen Ende des Stängels, als Überleitung zu den Blüten, sitzen bei vielen Pflanzen sogenannte *Hochblätter*. Sie haben oft eine ganz andere Form und Farbe als das übrige Laub und dienen dem Schutz der Blüten oder aber dazu, sie besonders hervorzuheben. Die wollig-weißen »Blütenblätter« des Edelweißes etwa sind solche Hochblätter.

Blattformen

Was die Formen der Blätter betrifft, benutzen Botaniker Fachausdrücke, die zum Verständnis der Pflanzenbeschreibungen wichtig sind. Grundsätzlich unterscheidet man zwischen einfachen, das heißt ungeteilten Blättern und gefiederten Blättern.

- Bei *einfachen Blättern* bildet die Blattspreite, der flächig verbreiterte Teil des Blattes, eine zusammenhängende Fläche. Vom Rand her kann sie eingeschnitten oder eingebuchtet sein. Der Rand selbst kann gezackt, gekerbt oder auch völlig glatt sein. Manche der einfachen Blätter tragen einen Saum feiner Haare, sie sind bewimpert.
- Bei *gefiederten Blättern* ist die Blattspreite in mehrere Teilblätter unterteilt, die bis zur Mittelrippe voneinander getrennt sind.

Haben gefiederte Blätter eine gerade Anzahl von Teilblättchen – ohne ein abschließendes Blättchen am Ende der Mittelrippe –, spricht man von *paarig gefiedert*. Kommt zu den Paaren von Blättchen am Ende der Mittelrippe ein einzelnes, abschließendes Teilblättchen dazu, handelt es sich um ein *unpaarig gefiedertes* Blatt. Sind die Teilblättchen ihrerseits nochmals unterteilt, haben wir ein *doppelt* oder *zweifach gefiedertes* Blatt vor uns. Bei noch weiterer Unterteilung ein *drei-* oder gar *vierfach gefiedertes*.

Blattfärbungen

Blätter sind gemeinhin grün. Doch gerade bei den Alpenblumen gibt es zahlreiche Arten, die ihren Blättern einen mehr oder weniger intensiven purpurnen Anstrich verleihen. Diese Dunkelviolettfärbung geht auf Anthocyane zurück. Das sind spezielle Farbstoffe, die im Blattgewebe gebildet werden, und zwar aus dem bei der Photosynthese gewonnenen Zucker. Üblicherweise wandeln Pflanzen diesen Zucker über Nacht in Stärke um, die ihnen als Reservestoff dient. Im Alpenklima aber herrschen nachts oft so niedrige Temperaturen, dass der Zucker von vielen Pflanzen nicht mehr in Stärke umgesetzt werden kann. Sie bilden stattdessen Anthocyane, deren Synthese deutlich weniger Schritte erfordert. Für die Gewächse ist das nicht unpraktisch, dienen ihnen die tiefdunklen Pigmente doch als wirk-

Beim Alpenhelm unterstützen die obersten, dunkelviolett gefärbten Blätter die Schauwirkung der Blüten.

samer UV-Schutz. Die Blattfärbung kann so weit gehen, dass – wie beim Alpenhelm – der ganze obere Teil der Sprosse samt Stängel und Blätter ebenso lila gefärbt ist wie die Blüten.

Blätter als Regulatoren des Wasserhaushalts

Neben ihrer wichtigsten Aufgabe, der Photosynthese (siehe Seite 15), haben Blätter auch noch die Funktion, Wasser an die Luft abzugeben. Dadurch wird der Saftstrom von den Wurzeln nach oben zu den Trieben aufrechterhalten. Im Schatten wachsende Arten weisen gewöhnlich großflächige Blätter auf, denn zum einen fangen große Blätter viel Licht ein, zum anderen ist bei ihnen aufgrund des Standortes ein größerer Wasserverlust durch Verdunstung nicht tragisch. Ganz anders bei Pflanzen an sehr sonnigen Standorten. Ihnen mangelt es gewiss nicht an Licht. Sie können sich daher kleine Blätter leisten. Umso mehr, als sie bei ihrem meist trockenen Wuchsort die Wasserverdunstung knapp halten müssen. Ihre Blättchen sind daher häufig zusätzlich von einer Wachsschicht überzogen oder haben eine derbe Außenhaut, oft sind sie auch fleischig verdickt und fungieren als Wasserspeicher. Manche Hauswurzarten setzen noch eins drauf: In praller Sonne legen sich ihre Rosettenblätter zu einem dichten, kugeligen Gebilde zusammen. Auf diese Weise beschatten die äußeren Blätter alle übrigen, weiter innen liegenden Blätter und senken so den Wasserverlust durch Verdunstung auf ein Minimum.

FRÜCHTE UND SAMEN FÜR DIE NÄCHSTE BLUMENGENERATION

Wachsen und blühen – damit ist es für die Alpenblumen noch nicht getan. Wichtig für ihr Fortbestehen ist, dass sie Früchte und Samen ausbilden und für deren Verbreitung sorgen.

Leckere Beeren

Zwergsträucher wie die Immergrüne Bärentraube oder die Krähenbeere verpacken ihre Samen in schmackhafte Beeren, die bei den Vögeln überaus beliebt sind. Schneehühner, Tannenhäher, Wacholderdrosseln und andere Gefiederte machen sich mit Appetit darüber her. Indem sie die Samen dann zusammen mit ihren Verdauungsprodukten an anderer Stelle wieder ausscheiden, tragen sie zur Verbreitung der grünen Bodendecker bei.

Windverbreitung der Samen

Andere Alpenpflanzen setzen auf den Wind als Verbreiter. Schließlich weht dieser vor allem im Hochgebirge nahezu ständig. Allerdings haben nur wenige Alpenblumen geflügelte Samen, so etwa der Gelbe Enzian. Die Küchenschellen versehen ihre Früchtchen mit langen, fedrigen Anhängseln, mit deren Hilfe sie davonsegeln können. Viele andere Arten produzieren eine große Zahl winzig kleiner und damit sehr, sehr leichter Samen, die wie Staubkörnchen verweht werden.

Die saftigen Früchte der Krähenbeeren sind bei den Vögeln beliebt.

Verbreitung durch Wasser

Nicht selten werden die Früchte oder Samen der Alpenblumen von Regen- oder Schmelzwasser erfasst und den Hang hinabgespült. Gebirgsbäche nehmen sie auf und tragen sie weiter, bis sie schließlich von einem Fluss ins Tal hinabgeschwemmt werden. So kommt es, dass man entlang der großen Alpenflüsse häufig Blumen findet, die eigentlich in den oberen Regionen der Berge zu Hause sind. Bis ins Alpenvorland und noch weiter können die bunten Bergbewohner auf diese Weise vordringen.

DIE ALPEN, EIN FACETTENREICHER LEBENSRAUM

Die Alpen, das größte und höchste Gebirge Europas, erstrecken sich in einem 1200 Kilometer langen Bogen von der Küste Südfrankreichs bis nach Niederösterreich und Slowenien. Auf einer Fläche von rund 200 000 Quadratkilometern reihen sich Berge und Täler, grüne Kuppen und schroffe Felsgrate aneinander.

Was im Schulatlas oder auf Satellitenaufnahmen einfach wie ein gebogener, runzeliger Riegel zwischen Mittel- und Südeuropa aussieht, ist aus der Nähe betrachtet ein kompliziert aufgebautes Gebirge, das sich aus Bergstöcken höchst unterschiedlichen Alters und verschiedener geologischer Entstehung zusammensetzt.

Alpen sind nicht gleich Alpen

Grob gesagt nehmen die Alpen von Ost nach West an Höhe zu. Die westlichen Gebirgsstöcke bringen es in der Mehrzahl auf Gipfelhöhen zwischen 3000 und 4000 Metern, die östlichen bleiben etwas darunter. Immerhin 128 Berge der Alpen sind »Viertausender«, der höchste Gipfel, der Mont Blanc, erreicht stolze 4810 Meter.

Entsprechend dem unterschiedlichen geologischen Aufbau unterscheiden die Geologen die West- und die Ostalpen. Die Grenze zwischen ihnen verläuft ungefähr entlang einer Linie vom Bodensee zum Comer See.

- Die *Westalpen* zeichnen sich durch hohe, schroff zerteilte Gebirgsstöcke aus, die aufgrund ihrer Höhe vergleichsweise stark vergletschert sind. Das südwestliche Ende des Alpenbogens bilden die Seealpen, die schroff und steil von der Mittelmeerküste aufragen, während am Westrand die Kalkberge der Haute Provence sanfter zum Rhonetal hin auslaufen.

- Die *Ostalpen* liefern ein gemäßigteres Bild. Ihre Täler sind breiter, die Gipfel weniger steil. Während sich an ihrem Nord- und Südrand Bergketten aus Kalkgestein hinziehen (nördliche und südliche Kalkalpen), bestehen die dazwischen liegenden Zentralalpen aus Silikatgestein (siehe Seite 21). Nach Osten zu flachen die Ostalpen immer weiter ab und laufen schließlich in zwei Arme aus, deren nördlicher sich jenseits des Wiener Beckens in den Karpaten fortsetzt und deren südlicher über die Kette der Julischen Alpen zu den Gebirgen der Balkanhalbinsel überleitet.

Übrigens: Während im deutschsprachigen Raum heutzutage die genannte Zweiteilung der Alpen üblich ist, die auf den geologischen Unterschieden fußt, zieht man in Italien und Frankreich eine historisch bedingte Dreigliederung der Alpen in West-, Zentral- und Ostalpen vor. Wir halten es in diesem Buch jedoch mit den Deutschen und verwenden den Begriff »Zentralalpen« für die in der Mitte gelegenen, hauptsächlich aus silikatischem Gestein bestehenden Gebirgsstöcke der Ostalpen.

HARTE TATSACHEN – DIE GESTEINE DER ALPEN

Weil Berge nun mal aus Gestein bestehen, und weil die Gesteine die Grundlage für die unterschiedlichen Böden bilden, auf denen die Alpenblumen wachsen, sollte sich jeder, der sich mit den Blumen befasst, auch ein wenig mit den Gesteinen beschäftigen. Doch keine Sorge, wir machen es kurz und einfach.

Im Großen und Ganzen braucht man nur zwei Kategorien von Gesteinen auseinanderhalten: Silikatgestein und solches aus Kalk.

- *Kalkgesteine* enthalten, der Name sagt es schon, hauptsächlich Kalk (Kalziumkarbonat). An ihren Bruchstücken sind keinerlei Kristalle zu erkennen, nicht einmal mithilfe einer Lupe. Das gilt ebenso für Dolomit (Kalzium-Magnesium-Karbonat), bei dem ein Teil des Kalks durch Magnesium ersetzt ist.
- *Silikatgestein* ist hingegen ein kristallines Gestein. Es setzt sich aus Kristallen der kieselsäurehaltigen Mineralien Feldspat, Quarz

Der Fetthennen-Steinbrech ist eine der wenigen Alpenblumen, die sowohl auf kalkhaltigem wie auch auf kalkarmem Boden wachsen können.

und Glimmer zusammen. Der Anteil an Kieselsäureverbindungen (Silikaten) ist daher hoch in derartigen Gesteinen, zu denen Granit (aus Kalifeldspat, Quarz und Glimmer) ebenso gehört wie Gneis (entsteht meist aus Granit) oder Glimmerschiefer (enthält hauptsächlich Quarz und Glimmer). In diesen Gesteinen kann man bei genauem Hinsehen die Kristalle, aus denen sie bestehen, erkennen, oft sogar mit bloßen Augen.

Die einen und die andern

Kalk- und Dolomitgesteine sind in der Regel stark zerklüftet. Sie bieten dem Niederschlagswasser reichlich Gelegenheit einzudringen, weshalb durch den Frost immer wieder Felsen auseinandergesprengt werden. Sie verwittern also in groben Blöcken.

Silikatgesteine sind nur wenig zerklüftet, Niederschläge können kaum in sie eindringen. Bei der Verwitterung zerfallen diese Gesteine daher meist von vorne herein in ziemlich kleine Bestandteile.

Ob ein Bergmassiv aus Kalk- oder Silikatgestein besteht, kann man ihm schon von weitem ansehen. Hoch aufragende Felstürme mit schroffen Zacken, steilen Abbrüchen und großen Schutthalden aus hellen Gesteinsbrocken bestehen immer aus Kalk oder Dolomit. Hat man hingegen einen wuchtigen Berg mit breiter Basis aus dunklem Gestein vor sich, bei dem die flachen Wiesen direkt bis an den Fuß der Felswand heranreichen, kann man von Silikatgestein ausgehen. Zugegeben, es gibt Übergangsformen der Gesteine, bei denen kristalline Gesteine mehr oder weniger Kalk enthalten und bei denen die Bergformen sich nicht so einfach zuordnen lassen. Aber das sind Ausnahmen, die meist nur auf kleinen Flächen auftreten.

Sauer oder kalkhaltig?

Letztlich aber entsteht bei der Verwitterung von Gesteinen in beiden Fällen »Boden«, ein mehr oder weniger feinkörniges Substrat, auf dem Pflanzenleben gedeihen kann. Logischerweise sind aber Struktur und Zusammensetzung der Böden verschieden, abhängig davon, ob das Ausgangsmaterial Kalkgestein oder Silikatgestein war. In dem einen Fall ist auch im Boden reichlich Kalk vorhanden, in dem anderen mangelt es für das Pflanzenwachstum an Kalk. Und weil Böden auf Silikatgesteinen stets Kieselsäureverbindungen enthalten, spricht man bei diesen von sauren Böden.

Der Boden aber ist ein überaus wichtiger Faktor für das Pflanzenwachstum. Ein Großteil der Pflanzen ist in seinem Mineralstoffbedarf so spezialisiert, dass er entweder nur auf Kalkböden oder nur auf Silikatböden vorkommt. Das bedeutet, dass man an der Pflanzengesellschaft einer Bergregion geradezu »ablesen« kann, ob man auf kalkhaltigem oder saurem Boden steht, und damit auch, ob ein Berg aus Kalk- oder Silikatgestein besteht. Umgekehrt dient der Standort oft als ein wichtiges Kriterium für die Bestimmung einer Alpenblumenart. Zum Beispiel wächst der Gletscher-Hahnenfuß nur auf Silikatgestein, während der ähnliche Alpen-Hahnenfuß ausschließlich auf Kalkgestein anzutreffen ist. In unseren Pflanzenbeschreibungen ist daher der von der Pflanze bevorzugte Boden jeweils angeführt.

Vikariierende Artenpaare

Von den auf Kalkboden spezialisierten Alpenblumen haben einige Arten Doppelgänger, die äußerlich nur schwer von ihnen zu unterscheiden sind, jedoch ausschließlich auf Silikatgestein, also auf sauren Böden vorkommen. Die Botaniker sprechen in einem solchen Fall von einem vikariierenden Artenpaar. So überzieht zum Beispiel die Behaarte Alpenrose die Hänge der Kalkalpen mit ihrer roten Blütenfülle, während die Rostblättrige Alpenrose auf den Silikatmassiven der Zentralalpen wächst. Und der Stängellose Enzian, der sauren Silikatboden braucht, hat sein Pendant im Großblütigen Enzian, der Kalkhänge blau tüpfelt.

DIE HÖHENSTUFEN DER ALPEN

Stellen Sie sich vor, Sie besteigen einen hohen Berg. Sie beginnen Ihre Tour in den Wäldern und Feldern des Alpenvorlands. Je weiter Sie bergan steigen, desto lichter wird der Wald, die Bäume werden kleiner, bis dann Zwergsträucher ihren Platz einnehmen. Über kurz oder lang findet sich nur noch Rasen um Sie herum, schließlich bloß noch Gestein und Geröll. Immer unwirtlicher wird die Landschaft, und zuletzt landen Sie im ewigen Eis der Gletscher.

Diese verschiedenen Klima- und Vegetationszonen könnten Sie auch in der Ebene durchwandern, allerdings müssten Sie dann von Mitteleuropa bis in den Norden Skandinaviens reisen, eine Strecke von über 3000 Kilometern. In den Alpen lässt sich die ganze Bandbreite an Landschaften mit einigen Stunden des Anstiegs erleben. Einer groben Faustregel zufolge entsprechen dabei 1000 Höhenmeter rund 1000 Kilometern, die man nach Norden fährt.

Aufeinander folgende Vegetationsgürtel

Dass sich die Pflanzenwelt der Berge mit zunehmender Höhe verändert, ist schwerlich zu übersehen. Dabei ist es nicht allein die nach oben hin abnehmende Temperatur, die Einfluss auf das Wachstum der Pflanzen hat. Auch die Windgeschwindigkeit, der steigende

UV-Anteil des Lichts und die längere Schneebedeckung sind entscheidende Wachstumsfaktoren für die Pflanzen und damit für die Zusammensetzung der Pflanzengesellschaft.

Hügelstufe (in ca. 300–800 m Höhe)

Das Flachland geht zunächst in ein Hügelland (kolline Stufe) über, in dem sich Laubwälder mit Wiesen und Feldern abwechseln.

Bergstufe (in ca. 800–1800 m Höhe)

In der anschließenden Berg- oder Gebirgsstufe (montane Stufe) mischt sich immer mehr Nadelwald unter den Laubwald. Vor allem forstwirtschaftliche Fichtenkulturen prägen das Bild. Über 1000 Metern treffen wir nur noch vereinzelte Bauernhöfe an, die Obergrenze für Weizen- und Roggenanbau ist erreicht. In etwa 1300–1800 Metern Höhe hat der Laubwald endgültig seine Grenze erreicht. In dieser hochmontanen Stufe finden sich oft sogenannte Mittelalmen, also nur saisonal bewirtschaftete Frühsommer- und Spätsommerweiden.

Hochgebirgsstufe (ab ca. 1500 m Höhe)

Die oberste Region der Alpen gliedert sich in eine breite subalpine, eine alpine und zuletzt eine nivale Zone.

- Die subalpine Stufe, je nach Region zwischen 1500 und etwa 2500 Metern Höhe, ist durch die Waldgrenze gekennzeichnet. Mit einzelnen Rotbuchen finden sich hier die allerletzten Laubbäume. Auch der Nadelwald verändert mit jedem Höhenmeter sein Gesicht. Fichten, Lärchen und Zirbelkiefern lösen einander ab, bis schließlich Krüppelwuchs- und Zwergformen das Regiment übernehmen. Lokal weiden hier Rinder auf Hochalmen, die ihre Hochsommerweiden darstellen.
- Die alpine Stufe zieht sich, grob gesehen, von 2000 bis in 3000 Meter Höhe. Sie ist waldfrei, ihr Grün wird von Staudenfluren, Bergweiden und alpinen Rasen gebildet. Zum oberen Rand hin dominieren die Polsterpflanzen sowie Moose und Flechten.
- Die nivale Stufe schließlich, die oberhalb von 3000 Metern liegt, ist das Reich von Eis und Schnee. Auf schneefreien Felsspitzen und Graten existieren sogenannte Nunatakker-Fluren (siehe Seite 8/9), Inseln des Pflanzenlebens im ewigen Eis.

Die Grenzen der Höhenstufen sind dabei jedoch keineswegs in den gesamten Alpen gleich. Sie hängen stark vom lokalen Klima und Kleinklima ab und schwanken daher regional erheblich.

ANPASSUNGEN AN EXTREME LEBENSBEDINGUNGEN

Alpenblumen haben es wahrlich nicht leicht. Je höher sie siedeln, desto härter sind die Bedingungen, die die alpine Umwelt an sie stellt. Alpenpflanzen müssen daher die reinsten Lebenskünstler sein, um gegen Kälte und Wind, Schneelast und brennende Sonne bestehen zu können. Doch die Natur hat sich die unterschiedlichsten Taktiken einfallen lassen, wie ihre Geschöpfe mit den Widrigkeiten dieses extremen Lebensraums zurechtkommen können.

Kleinwüchsigkeit

Der scharfe Wind, der im Hochgebirge häufig über die Grate pfeift, reißt hier alles um, was nicht standfest oder biegsam genug ist. Hohe Bäume hätten nur wenig Chancen, unversehrt stehen zu bleiben. An den Gehölzen lässt sich daher die Anpassung der Pflanzen an den ruppigen Bergwind besonders gut erkennen. Je höher man hinaufsteigt, desto niedriger werden die Bäume und Sträucher. Die Waldzone geht in die Krummholzregion mit sich niederduckenden Latschen oder Legföhren über. Noch weiter oben vertreten nur noch die Zwergstrauchheiden mit Alpenrosen, Gämsheide, Bärentrauben und Krähenbeeren die Gehölze.

Auch die Staudenpflanzen bleiben wohlweislich niedrig. Alle ducken sich möglichst tief auf den Boden. Doch ist das nicht nur eine Anpassung an den starken Wind. Die Kürze der Vegetationsperiode im Hochgebirge erlaubt den Pflanzen auch gar nicht mehr Wachstum. Die Priorität liegt allemal auf der Fortpflanzung, also dem Blühen und Fruchten. Verglichen mit ihrer Verwandtschaft im Tiefland sind die Alpenblumen der Hochlagen daher ein Völkchen von Zwergen.

Die fleischigen Blattrosetten der Alpen-Hauswurz strecken sich im Sommer zu einem Blütenstand empor. Daneben entwickeln sich zahlreiche Tochterrosetten, die als dichter, flacher Teppich überwintern.

Ohne seine Blütenstängel wird der Moos-Steinbrech gerade mal zwei Zentimeter hoch, mit Blütenschmuck misst er kaum zehn Zentimeter.

Maximale Ausnutzung der Vegetationsperiode

Der Sommer ist kurz in den Bergen, und damit auch die Zeit, die die Pflanzen jährlich für ihr Wachstum zur Verfügung haben. Das ist der Grund, warum zumindest in der alpinen und nivalen Stufe fast ausschließlich mehrjährig wachsende Pflanzen gedeihen. Sie müssen immerhin nicht jedes Jahr von neuem mit der Samenkeimung beginnen (siehe Seite 10).

Die mehrjährigen Pflanzen tun alles, um die kurze Zeit ohne Kälte und Schnee bestmöglich auszunutzen. Viele von ihnen sind immergrün. Das bedeutet, sie brauchen im Frühjahr nicht erst neue Blätter zu bilden, sondern können sofort loslegen mit der Assimilation, sobald Licht und Temperatur es erlauben. Ihre Blätter sind nadelartig schmal wie etwa bei den Heidekrautgewächsen oder fleischig wie zum Beispiel bei den Fetthennen oder winzig klein wie bei vielen Polsterpflanzen. Für ihren Stoffwechsel, allem voran die Photosynthese, reicht auch schon das wenige Licht, das durch eine dünne Schneeschicht hindurchscheint. Und weil der Boden unter einer Schneedecke nicht so rasch gefriert, wie es ohne Schnee der Fall wäre, können ihre Wurzeln nach wie vor an Wasser gelangen – Voraussetzung dafür, dass die Pflanzen die kalte Jahreszeit unter ihrer »Bettdecke« überleben.

Viele Alpenblumen sorgen vor und legen schon im Herbst die neuen Blütenknospen an, um im Frühjahr damit keine Zeit zu verlieren. Kaum schmilzt der Schnee, schon stehen sie in schönster Blüte da.

Schutz gegen UV-Strahlung

Wind und Kälte sind nicht die einzigen Faktoren, die den Pflanzen zusetzen, auch die starke UV-Strahlung im Hochgebirge macht ihnen zu schaffen. Eine dichte, weißwollige Behaarung von Blättern und Stängeln dient vielen Alpenblumen als Sonnenschutz. Das bekannteste Beispiel dafür ist unser Edelweiß. Werden seine Samen einmal durch einen Gebirgsbach ins Tiefland hinab getragen, entwickelt es sich dort zu einer ganz anders aussehenden Pflanze: Es wächst zu einer gestreckteren Pflanze heran, der zudem die markante weiße »Wolle« auf den die Blüten umstehenden Hochblättern weitgehend fehlt.

Auch dunkelpurpurne Pigmente, wie sie zahlreiche Alpenblumen in ihren Blättern und Stängeln aufweisen (siehe Seite 16/17), schützen das Pflanzengewebe vor allzu intensiver UV-Strahlung.

Kissen- und Polsterwuchs

Die Mehrzahl der Alpenblumen der alpinen Stufe wachsen in Form eines flachen Kissens oder Polsters. Das schützt vor Austrocknung durch den Wind, denn im Inneren des Polsters ist es so gut wie windstill. Dazu kommt, dass die Polster sehr, sehr langsam wachsen und mehrere Jahrzehnte alt werden. Dabei bilden sie jedes Jahr neue, kleine Triebe, im Inneren sterben alte Blätter ab, verrotten und werden zu Humus. Auf ansonsten trockenen, vom Wind blankgefegten Felsen sammelt die Pflanze auf diese Weise Feinerde an, die reichlich Wasser zurückhalten kann. So schafft sich die Pflanze gewissermaßen ihren eigenen Boden, auf dem sie wachsen kann.

Schuttspezialisten

Ein spezieller Lebensraum im Hochgebirge sind die Hänge mit Felsschutt. Wer sich darauf ansiedelt, riskiert, von Gesteinsbrocken getroffen oder von rutschendem Schutt mitgerissen oder verschüttet zu werden. Die Felsschuttbewohner unter den Alpenpflanzen haben aber die Fähigkeit, aus sogenannten schlafenden Augen – das sind ruhende Vegetationspunkte ihrer Stängel – immer wieder neu auszutreiben, wenn sie verschüttet worden sind. Außerdem sind ihre Stängel und Wurzeln extrem biegsam und halten so den mechanischen Belastungen und zerrenden Kräften im beweglichen Schutt stand. Folgende Strategien haben sich bei Felsschuttbewohnern entwickelt:

Das Alpen-Leinkraut (oben links), die Silberwurz (unten links) und die Zwerg-Glockenblume (unten rechts) können selbst auf grobem, beweglichem Felsschutt wachsen. Das Edelweiß (oben rechts) schützt sich durch eine wollig weiße Behaarung gegen die UV-Strahlung.

Schuttwanderer zeichnen sich durch biegsame Kriechtriebe aus, die den Schutt durchziehen und sich dabei immer wieder neu bewurzeln. Ein Beispiel für diesen Typ Pflanzen ist die Zwerg-Glockenblume (siehe Seite 172/173).

Schuttüberkriecher wachsen mit vielen dünnen, biegsamen Trieben über den Felsschutt hinweg und hemmen auf diese Weise dessen Beweglichkeit. Das Alpen-Leinkraut (siehe Seite 204/205) ist eine solche Pflanze.

Schuttdecker machen es ähnlich. Nur schlagen die Zweige, die sie über die Schuttfläche ausbreiten, in kurzen Abständen Wurzeln und verfestigen so die oberen Schuttschichten. Die Silberwurz (siehe Seite 146/147) steht beispielhaft für die Gruppe der Schuttdecker.

Schuttstauer schließlich verankern sich mithilfe ihrer tiefreichenden Pfahlwurzeln fest im Untergrund. Ihre Triebe bilden dichte Horste, die einem nachrutschenden Gesteinsschutt Widerstand entgegensetzen und ihn bis zu einem gewissen Grad stauen können. Die Alpenmohn-Arten (siehe Seiten 214/215) machen sich auf diese Weise bei der Hangbefestigung nützlich.

Wasser sparen

Ein generelles Problem der Gebirgspflanzen besteht darin, ihre Wasserbilanz ausgeglichen zu halten. Wenngleich es im Alpenraum nicht gerade an Niederschlägen mangelt, können dort Geröll und humusarme Böden das Wasser nur für kurze Zeit speichern. Doch im Allgemeinen haben Alpenpflanzen ein sehr gut entwickeltes System von Feinwurzeln. Durchschnittlich ist es etwa fünfmal länger als bei Arten, die im Tal wachsen. Das erlaubt ihnen, nicht nur das Wasser, sondern auch die eher spärlichen Nährstoffe besser aufzunehmen, und zwar auch noch aus feinsten Gesteinsritzen heraus.

Neben dem knappen Wasserangebot stellt auch der starke Bergwind hohe Anforderungen an das Pflanzenwachstum. Er ließe die Pflanzen stark austrocknen, wenn sie sich nicht dagegen wappnen würden.

Der Frühlingsenzian schützt sich gegen das Klima des Hochgebirges, indem er seine Blütensterne bei Regen, Hagel und Sturm schließt.

Die robuste Gämsheide hat ledrig derbe und nach unten eingerollte Blätter, über die sie nur wenig Wasser durch Verdunstung verliert.

Die meisten hochalpinen Pflanzen haben daher Blätter mit einer wachsigen oder behaarten Oberfläche, die die Verdunstung mindert. Andere bilden fleischige oder vom Rand her eingerollte Blätter aus, beides Maßnahmen, die den Wasserverlust gering halten.

Wintersteher

Die mit zunehmender Höhe immer kürzer werdende Vegetationsperiode bringt es mit sich, dass viele Pflanzen zu sogenannten Winterstehern werden. Der Winter bricht herein, und ihre Fruchtstände befinden sich noch immer an der Pflanze, ohne dass die Samen verbreitet wurden. So bleiben die vertrockneten Stängel mit den Fruchtständen zumindest einen Teil des Winters über stehen. Sie sind stabil und steif genug, um vom Schnee nicht umgelegt zu werden, sondern können aus der Schneedecke herausragen. Erst dann öffnen sich die Fruchtkapseln, und der Wind kann die Samen verblasen. Bei vielen Alpenblumen brauchen die Samen sogar erst einmal winterlichen Frost, um überhaupt keimen zu können. Je höher man in den Alpen steigt, desto mehr solcher Wintersteher finden sich in der Flora. Das Immergrüne Hungerblümchen gehört ebenso dazu wie die Alpen-Aster. Ganz oben, in der nivalen Stufe, machen die Wintersteher rund ein Viertel der gesamten Artenzahl aus.

FORTPFLANZUNG DER ALPENBLUMEN

Die Vielfalt und Schönheit der Blumen mit ihrer überbordenden Fülle an verschiedenen Blütenformen und ihrem bunten Farbenspiel erfreut uns bei jeder Wanderung. Dabei ist sie gar nicht primär für unsere Augen gedacht. Die eigentlichen Adressaten all dieser Pracht sind die Insekten. Diese sollen nämlich für die Bestäubung der Blüten und damit für die sexuelle Fortpflanzung der Gewächse sorgen. So kennen wir es auf jeden Fall aus dem Tiefland, wo die Bienen emsig von Blüte zu Blüte summen und auch allerlei andere Insekten die Blumen besuchen. Doch gilt das tatsächlich auch für die extremen Lebensbedingungen im Hochgebirge? Was, wenn es dort aufgrund der beträchtlichen Höhenlage nicht genügend Insekten gibt? Oder wenn die Krabbeltiere bei anhaltend schlechtem Wetter, wie es ja in den Bergen häufig auftritt, einfach zu Hause bleiben?

Bestäubung auch ohne Insekten

Es gibt für Pflanzen verschiedene Möglichkeiten, auch ohne Insekten zu einer Bestäubung und damit zur Samenbildung zu kommen.

Windbestäubung: Manche Pflanzen verlassen sich von vornherein nicht auf krabbelnde und summende Blütenbesucher, sondern betrauen den Wind mit der Aufgabe ihrer Bestäubung. Tatsächlich setzen ganze Pflanzengruppen, etwa die Nadelbäume, die Birken und Buchen sowie die große Schar der Gräser, auf diesen Weg. Ihre Blüten produzieren massenweise staubfeinen Pollen, der vom Wind

Der Blütenstand der Alpen-Kratzdistel ist eine ausgesprochen stachelige Angelegenheit. Dennoch finden sich Bienen, Hummeln und Schmetterlinge oft scharenweise als Bestäuber ein.

Der Stängellose Enzian greift häufig zum Mittel der Selbstbestäubung.

verblasen wird und dabei auch auf anderen Blüten landet. Erstaunlicherweise gibt es in den Alpen anteilsmäßig weniger windblütige Arten als in Gesamtdeutschland. Offenbar reicht die Insektenwelt in den Bergen durchaus aus, um den übrigen Pflanzenarten die Fortpflanzung zu sichern.

Selbstbestäubung: Bleiben die Insekten aus, etwa wegen schlechten Wetters, bringen viele Blüten auch eine Selbstbestäubung zu Wege. Wie kann das funktionieren? Sehen wir uns als Beispiel den Stängellosen Enzian, den »Parade-Enzian« der Alpenwerbung, an: In der zunächst aufrecht stehenden Blüte steht der Griffel, der seinerseits von kürzeren Staubblättern eng umstanden ist. Über diesen, am oberen Ende des Griffels, breiten sich drei Narbenäste aus. Da der Blütenstaub gewöhnlich nicht nach oben fällt, gelangt in der Regel der eigene Pollen nicht an die eigenen Narben. Anders jedoch, wenn sich die Blüte schließt und sich dabei neigt, bis sie fast auf dem Kopf steht – etwa bei anhaltend schlechtem Wetter oder wenn sie alt wird. Nunmehr kann Pollen von den Staubblättern herabrieseln und auf den Narben der eigenen Blüte landen – und schon haben wir die Selbstbestäubung. Allerdings wird dabei keine Durchmischung von Erbgut erreicht. Für die Pflanzen stellt dieser Weg daher nur eine Art Notlösung dar. Wenn die Blüte kurz vor dem Dahinwelken noch immer nicht bestäubt ist, ist eine Selbstbestäubung jedoch allemal besser als gar keine Bestäubung.

Hummeln, bergtaugliche Insekten

Obwohl die Mehrzahl der Alpenblumen reichlich Nektar anbietet, wird man im Hochgebirge nur selten Honigbienen an den Blüten antreffen. Ihre pummeligen Verwandten, die Hummeln, dagegen brummen in großer Zahl über die Bergwiesen und stellen für viele der Blumen die Hauptbestäuber dar. Diese dicken und dicht behaarten Gesellen sind robust genug, um Wind und Wetter zu trotzen. Entscheidend aber ist, dass Hummeln über eine eigene Körperheizung verfügen. Sie können ihre Flugmuskulatur, die stärksten Muskeln ihres Körpers, vorübergehend von den Flügeln entkoppeln. Durch schnelle Kontraktionen der Muskeln im Brustkorb kann dann Wärme erzeugt werden, ohne dass sich dabei die Flügel bewegen. Das Insekt bringt sich gewissermaßen durch Laufenlassen des Motors im Stand auf Betriebstemperatur. Diese Standheizung ist überaus wirkungsvoll. Während eine Honigbiene Temperaturen über 14 °C benötigt, um fliegen zu können, vermag eine Hummel schon unterwegs zu sein, wenn das Thermometer noch kaum die Nullgradmarke überschritten hat. Im Hochgebirge zweifellos ein enormer Vorteil!

Insekten als Blütenbesucher

In Anbetracht der klimatischen Verhältnisse im Hochgebirge scheint die Bestäubung durch Insekten bei Alpenblumen eine recht zweifelhafte Angelegenheit.

Tatsächlich zeigte sich bei ökologischen Untersuchungen, dass die Anzahl der Blumenbesuche durch Insekten im Durchschnitt zurückgeht, je höher man in den Alpen hinaufsteigt. Erstaunlicherweise ließ sich jedoch daran, ob und wie viele Samen die Pflanzen letztlich anlegten, kein Unterschied zwischen dem Tiefland und den höheren Lagen ausmachen. Man fand folgende Gründe: Zum einen spielen im Hochgebirge vor allem Hummeln als Blütenbestäuber eine wichtige Rolle. Diese pelzigen Gesellen schleppen schon bei einem einzigen Flug so viel Pollen mit sich, dass es für die Befruchtung zahlreicher Samenanlagen ausreicht. Zum andern fand man bei vielen Blumenarten einen erstaunlichen Unterschied zwischen Berg- und Tieflandpflanzen: Die Bergpflanzen tragen längerlebige Blüten, deren Narben folglich auch länger aufnahmefähig für Pollen sind. Eine geringere Häufigkeit von Insektenbesuchen wird in großer Höhe also auch dadurch kompensiert, dass eine Bestäubung der Blüten über eine längere Zeitspanne möglich ist.

Welche Insekten stellen sich auf Alpenblumen ein?

Die in den Alpen mit Abstand wichtigste Gruppe der Blütenbesucher sind jene, denen man am wenigsten zutrauen würde, dass sie mit dem rauen Bergklima zurechtkommen: die Schmetterlinge. Oberhalb der Baumgrenze machen Falter mehr als 40 Prozent aller Blumenbesuche aus. Zum Vergleich: Im Tiefland sind es gerade mal 7 Prozent.

An zweiter Stelle in der Liste der Blütenbesucher stehen die Zweiflügler, zu denen z.B. Fliegen und Schwebfliegen gehören. Vor allem die kurzrüsseligen Echten Fliegen brauchen Blumen, die ihnen den Nektar offen anbieten oder deren Pollen sie bequem naschen können. Derartige Blumen gibt es in der Hochgebirgsstufe genug, etwa das Edelweiß, das Immergrüne Hungerblümchen, der Fetthennen-Steinbrech oder die Arnika, um nur einige zu nennen.

Eine dritte Gruppe bilden die Hautflügler, zu denen die Honigbiene ebenso gehört wie Hummeln, Wespen und Ameisen. In dieser Gruppe nehmen die gezählten Blütenanflüge mit steigender Höhe drastisch ab. Nur die Hummeln machen hierin eine Ausnahme (siehe Kasten Seite 34).

Insgesamt reicht die Zahl der Insekten auch in Hochgebirgslagen ohne weiteres aus, um die Bestäubung der vielen, bunten Alpenblumen zu bewerkstelligen und dadurch für deren Samenbildung zu sorgen.

Das Edelweiß ist eine ausgesprochene Fliegen-Blume. Es lockt seine Bestäuber mit Nektar an, der zwar duftende ätherische Öle enthält, aber auch ausgesprochene Gestanksstoffe, wie sie etwa im menschlichen Schweiß vorkommen.

NATURSCHUTZ – WARUM SCHONUNG SO WICHTIG IST

In den Jahrmillionen ihrer Entwicklungsgeschichte haben die Alpenpflanzen »gelernt«, den oft mehr als widrigen Lebensumständen in ihrem harten Lebensraum zu trotzen. Doch in jüngster Zeit kamen neue Gefährdungen dazu, denen viele Alpenblumen auf Dauer nicht mehr gewachsen sind. Dies sind zum einen der Massentourismus und zum anderen die zunehmend intensivere Landwirtschaft.

Die Mehrzahl der Alpenblumen ist leider ausgesprochen düngerempfindlich, und so verwandeln sich auf landwirtschaftlich genutzten Berghängen immer mehr der einstmals bunten Blumenwiesen in eintönige Grasflächen, Fettwiesen genannt. Zur reichlichen Düngung kommt oft noch eine mehr oder weniger intensive Bodenbearbeitung hinzu. Die Bergbauern, die sich das Leben mit Motormähern erleichtern wollen, ebnen die charakteristischen buckeligen Hangflächen ein – wer will es ihnen verdenken – und säen dort wüchsige Grasmischungen ein. Spätestens dabei bleibt die ursprüngliche Alpenflora endgültig auf der Strecke. Alpine Feuchtwiesen werden entwässert, um sie für die Viehhaltung nutzen zu können. So manchen

Flach- oder Hangmooren ergeht es nicht anders, auch sie werden in Einheitsweiden verwandelt.

Doch damit nicht genug. Weil mehr und mehr Menschen die Schönheit der Bergwelt genießen wollen, werden immer mehr und immer

Was jeder von uns ohne großen Aufwand für die Alpenblumen tun kann:

Darauf achten, wohin man den Fuß setzt – oder den Rucksack stellt oder die Picknickdecke legt.

Wo möglich, auf den Wegen bleiben und keine bunten Sträußchen pflücken, die ja doch bald verwelken.

Beim Fotografieren einer Blume darauf achten, dass man nicht zugleich zehn benachbarte Exemplare niedertritt. Und natürlich: Pflanzen NICHT AUSGRABEN!

größere Straßen, Seilbahnen und Lifte gebaut. Das hinterlässt hässliche Wunden in der Pflanzendecke, die vor allem im Hochgebirge nicht so leicht wieder verheilen. Die kurze Vegetationszeit lässt den Pflanzen kaum Zeit, sich zu regenerieren (siehe Seite 11).

Mitdenken – Mitmachen – Mitschützen

Einzelne Wanderer stellen in den Bergen gewiss kein Problem dar. Wo die Erholungssuchenden aber in Massen auftreten, trägt die Vegetation unweigerlich Schäden davon, allein schon durch die Tritte der Wanderer und erst recht durch Skiabfahrten und Loipen.

Umso wichtiger ist es, dass sich jeder von uns bemüht, achtsam umzugehen mit den großen und kleinen Pflanzenschönheiten unserer Bergwelt. Andernfalls werden künftige Generationen bei ihren Bergtouren bald nur noch graues Gestein zu bewundern haben.

DER STEINGARTEN – DIE ALPEN VOR DER HAUSTÜR

Sie haben nicht die Möglichkeit, ihre freie Zeit in den Bergen zu verbringen und sich an den Alpenblumen in ihrer natürlichen Umgebung zu erfreuen? Dann holen Sie diese blühenden Schmuckstücke doch zu sich nach Hause, in den Garten, auf die Terrasse oder auf den

Die Spinnweben-Hauswurz fühlt sich in vollsonnigen Lagen wohl.

Der Moos-Steinbrech bevorzugt ein halbschattiges Plätzchen.

Ein Steingarten holt die bunte Alpenflora direkt vor die Haustür.

Balkon. Die faszinierende Flora der Bergwelt kann auch in einem Steingarten, und sei er noch so klein, ein Zuhause finden.

Verständlicherweise kann ein Steingarten kaum jemals ein ganzes Gebirge imitieren. Man wird sich in der Regel auf einen kleinen Ausschnitt aus einer alpinen Landschaft beschränken, etwa durch ein Kiesbeet mit unterschiedlich großen Steinen – gleich einer Feinschutthalde –, einen mit Steinen befestigten Hang oder aber durch einige große Tuffstein-Findlinge, in deren Aushöhlungen sich Feinerde hält und Polsterpflanzen wachsen können.

Die richtige Pflanze am richtigen Ort

Damit der Steingarten zum blühenden Schmuckstück wird, ist das A und O die richtige Auswahl der Pflanzen. Es gilt vor allem, deren natürliche Bedürfnisse zu berücksichtigen. Und die erkennt man am leichtesten, indem man ihre Standorte in den Bergen genau betrachtet. Während die meisten Steingartenpflanzen Sonnenanbeter sind, mag es zum Beispiel der Moos-Steinbrech lieber halbschattig, die Alpen-Gänsekresse braucht gar einen schattig-feuchten Platz.

Mit oder ohne Kalk, das ist hier die Frage

Besonders wichtig ist die Entscheidung, welche Art von Gestein bzw. Boden die Grundlage Ihres Steingartens bilden soll. Das bestimmt nämlich darüber, welche Gewächse darauf gedeihen werden und welche nicht. Auf saurem Silikatgestein wachsen kalkmeidende Arten wie z.B. die Behaarte Primel oder der Moos-Steinbrech, während andere, etwa der Trauben-Steinbrech oder das Dolomiten-Fingerkraut, unbedingt einen kalkreichen Untergrund benötigen (siehe Seite 23).

Ein Steingarten en miniature

Keinen Garten zur Verfügung und doch Lust auf Enzian & Co.? Ein Steintrog neben der Haustür, einige weite, flache Schalen auf dem Balkon oder ein Tuffstein-Findling auf der Terrasse tun es auch. Mit einigen blühenden Pflanzenpölsterchen und dazwischengesetzten Steinen lassen sich diese Gefäße prima zu Mini-Steingärten gestalten. Auf guten Wasserabzug achten, denn die meisten Hochgebirgspflanzen mögen nasse Füße gar nicht!

Keine Entnahmen aus der Natur!

Pflanzen für den Steingarten gibt es in großer Auswahl in Pflanzencentern und Spezialgärtnereien. Auch übers Internet kann man sie beziehen. Die in den Bergen wild wachsenden Pflanzen sind unbedingt tabu – die unter Naturschutz stehenden Arten sowieso, aber ebenso die übrigen. Sie beim Bergwandern einfach auszugraben in der Absicht, sie zu Hause in den Steingarten zu pflanzen, kommt einem Frevel an der Natur gleich. Das fragile Gleichgewicht der sich nur extrem langsam regenerierenden Bergflora wird mit jedem ausgegrabenen Pflänzchen empfindlich gestört.

Dazu kommt, dass sich bei weitem nicht alle Gebirgspflanzen für ein Dasein im Tiefland eignen. Viele brauchen das Klima und vor allem die starke UV-Strahlung des Hochgebirges, um gut zu gedeihen. Das Edelweiß etwa würde im Garten seinen weißen Pelz weitgehend verlieren und vergrünen. Das im Fachhandel erhältliche Edelweiß für den Steingarten ist hingegen eine asiatische Art oder eine daraus gezüchtete Hybridform, die auch im Tiefland attraktiv weiß bleibt.

Blütenfarbe Rot

Steinröschen ✝ (§)

Daphne striata

Der kleine, immergrüne Zwergstrauch, botanisch-nüchtern auch Gestreifter Seidelbast, im Volksmund hingegen viel poetischer auch Alpenflieder genannt, weiß sich mithilfe von Gift zu behaupten. Ein brennend scharfer Saft schützt seine Blätter vor Tierfraß, sogar während der Wintermonate, wenn die Tiere kaum noch Grün finden. Auch die auffällig gelben Früchte des Steinröschens sind giftig, aber nur für Säugetiere. Vögel können sie unbeschadet verzehren – und sorgen dabei für die Verbreitung der Samen.

Die Blüten werden fast nur von Schmetterlingen besucht. Diese können mit ihren langen Rüsseln bis zum Grund der engen Kronröhren reichen, wo der Nektar abgesondert wird.

VORKOMMEN in den Kalkgebieten der Ostalpen, südlich bis zu den Karawanken, westlich bis zur Schweiz; vorwiegend zwischen 1500 und 2500 m Höhe; nur auf kalkhaltigen Böden; auf Felsschutt und in Zwergstrauchheiden; selten, gebietsweise auch ganz fehlend

MERKMALE 5–20 cm hoher, buschig wachsender Zwergstrauch; Blätter schmal oval, ledrig derb, nur etwa 2 cm groß, im unteren Bereich der Zweige sehr locker stehend, an den Zweigspitzen dicht gedrängt; Blüten in dichten Büscheln an den Zweigenden, Kronblätter fehlen, Kelchblätter haben die Schaufunktion übernommen, diese hellrot bis rosafarben, zu einer Röhre verwachsen, die sich oben mit 4 Zipfeln öffnet; Frucht eine gelbe, beerenartige Steinfrucht

ACHTUNG! Wie alle Seidelbastarten ist auch das Steinröschen stark giftig. Schon zehn bis zwölf Beeren können für einen Erwachsenen tödlich sein. Bereits der Kontakt mit dem Saft der Blätter, der Früchte oder der Rinde kann zu Hautreizungen und Blasen führen.

Typisch

Die zwar kleinen, aber in dichten Büscheln beieinanderstehenden Blüten verströmen einen intensiven, süßlichen, entfernt an Nelken und Flieder erinnernden Duft.

BLÜTEZEIT

J	F	M	A	M	J	J	A	S	O	N	D

Rundblättriges Hellerkraut

Thlaspi rotundifolium

Wer das Rundblättrige Hellerkraut für ein kleines, zartes Blümchen hält, der täuscht sich gewaltig. Die Blattrosetten, aus denen die aparten Blütensträußchen sprießen, mögen klein sein, doch gewöhnlich gehören viele von ihnen zusammen zu einer einzigen Pflanze, deren lange Stängel waagrecht im Gesteinsschutt dahinkriechen. Nur wo die unterirdischen Triebe an die Oberfläche stoßen, bilden sie Blattrosetten. So entstehen auf dem Schutt oft ganze Rosettenrasen, während die unterirdischen Ausläufer und ihre Wurzeln die Schutthalde zu verfestigen helfen.

Den fleischigen, derben Blättern macht weder der Wind noch die intensive Sonnenstrahlung des Hochgebirges etwas aus.

Das Rundblättrige Hellerkraut ist nur selten außerhalb von Schutthalden zu finden.

VORKOMMEN in den nördlichen und südlichen Kalkalpen häufig, in den Zentralalpen seltener; gewöhnlich in 1500–3000 m Höhe; vorzugsweise auf Kalk, seltener auch auf Silikatgestein; auf feuchtem, beweglichem Schutt und Geröll

MERKMALE 5–15 cm hohe Staude mit vielen kriechenden Trieben; Blätter fleischig, blaugrün, eiförmig, am Boden Rosetten bildend, am Stängel wechselständig sitzend; Blüten rosa bis hell rotviolett, stehen am Stängelende in dichten, köpfchenartigen Trauben beieinander, Kronblätter breit oval, Kelchblätter oft violett überlaufen; Früchte waagrecht abstehende, platt zusammengedrückte Schötchen

ÄHNLICHE ART Auch das Steinschmückel (*Petrocallis pyrenaica*) ist eine hochalpine Polsterpflanze, die auf kalkhaltigem Fels und Geröll wächst. Sie wird nur 3–8 cm hoch, ihre winzigen Blätter sind an der Spitze in drei bis fünf Lappen eingekerbt. Die rosa oder blasslila Blüten stehen in kleinen Doldentrauben beieinander.

Typisch

Von den dichten Blütenständen geht ein intensiver, süßlicher Duft aus, den man vor allem bei Windstille gut wahrnehmen kann.

BLÜTEZEIT

J	F	M	A	M	J	J	A	S	O	N	D

Fleischers Weidenröschen (§)

Epilobium fleischeri

Wenn es in den Bergen irgendwo eine kahle Schotter- oder Kiesfläche gibt, gehört dieses kleine Weidenröschen zu den ersten Pflanzen, die als Pioniere dorthin vordringen. Dank seiner flugtüchtigen Samen kann es derartige Flächen rasch erreichen. Mit seinen dicken, verholzten Wurzeln und zahlreichen Ausläufern kriecht es durch den Schotter und trägt so zu dessen Befestigung bei. Selber kann es auf Humus gut verzichten, mit der Zeit aber bereitet es durch seine Biomasse den Boden auch für anspruchsvollere Pflanzen vor.

Das Schmalblättrige Weidenröschen breitet sich vor allem auf Kahlschlägen oder Waldbrandflächen sowie an Straßen- und Uferböschungen aus.

VORKOMMEN ausschließlich in den Alpen, hauptsächlich in den Westalpen; in 1000–2500 m Höhe, in Flussbetten gelegentlich auch tiefer, wenn herabgeschwemmt; in Bachkies, auf Moränen sowie feuchten Schutt- und Geröllflächen; zerstreut

MERKMALE 10–40 cm hohe, buschig oder rasenartig wachsende Staude; Stängel zunächst liegend, zur Spitze hin aber bogig aufsteigend, können im unteren Teil leicht verholzt sein; Blätter sehr schmal lanzettlich, wechselständig am Stängel sitzend, am Rand mit kleinen, zahnartigen Drüsen; Blüten mit 4 rosaroten Kronblättern, dazwischen 4 schmale, dunkelrote Kelchblätter; Früchte dünne, schotenartige Kapseln

VERWANDTE ART Die große Schwester, das Schmalblättrige Weidenröschen (*Epilobium angustifolium*), kommt auch häufig bis in Tallagen hinab vor. Seine schlanken Blütenkerzen ragen bis zu 1,50 m in die Höhe.

BLÜTEZEIT

J	F	M	A	M	J	J	A	S	O	N	D

Typisch

Das kleine Weidenröschen liebt die volle Sonne. Mit seinen farbintensiven Blüten lockt es vor allem Hummeln und Tagfalter an.

Gämsheide † (§)

Loiseleuria procumbens

Klein, aber oho! Die so apart blühende Gäms- oder Alpenheide, auch Alpenazalee genannt, ist wahrlich hart im Nehmen. Nicht selten wächst sie an windexponierten, im Winter oft schneefreien Graten. Sie kann dabei Fröste bis –40 °C mühelos aushalten, während sie es im Sommer klaglos erträgt, dass sie durch die Sonneneinstrahlung bis auf +50 °C aufgeheizt wird. Ob heiß oder kalt, stets stellt die Wasserversorgung das größte Problem dar. Die Gämsheide aber weiß sich zu helfen. Sie nimmt Feuchtigkeit nicht nur über ihr fein verzweigtes, normales Wurzelwerk, sondern zusätzlich über spezielle Wurzeln, die den Zweigen entspringen, ja sogar über ihre Blätter auf.

Die Früchte der Krähenbeere sind essbar, wenngleich ein wenig bitter. In der Volksmedizin wurden die Vitamin-C-reichen Beeren gegen Skorbut und aufgrund ihres hohen Gerbstoffgehalts auch gegen Durchfall eingesetzt.

VORKOMMEN in den Zentralalpen häufig, in den übrigen Alpen seltener; meist in 2000–3000 m Höhe; nur auf kalkfreien, steinigen Böden; auch in den übrigen Gebirgen Mitteleuropas sowie in der arktischen Zone Eurasiens und Nordamerikas; an windexponierten Stellen, Graten und Felsen

MERKMALE immergrüner, teppichbildender Spalierstrauch, selten höher als 2–3 cm, mit dicht verzweigten, reich beblätterten Trieben; Blätter gegenständig, ledrig, nur 5–7 mm lang, schmal oval, am Rand nach unten umgerollt; Blüten zu mehreren an den Triebenden, rosa bis dunkelrot, breit glockig, mit 5 Zipfeln; Früchte schwarzbraune Kapseln, bleiben den Winter über an der Pflanze und reifen erst im Jahr nach der Blüte

ACHTUNG! Alle Pflanzenteile der Gämsheide sind leicht giftig.

ÄHNLICHE ART An ähnlichen Standorten wächst verbreitet auch die Zwittrige Krähenbeere (*Empetrum nigrum* ssp. *hermaphroditum*), gleichfalls ein teppichbildender Zwergstrauch mit nadelförmig schmalen Blättern. Seine roten Blütchen sind jedoch sehr unscheinbar, als Früchte werden schwarze Beeren ausgebildet.

BLÜTEZEIT

J	F	M	A	M	J	J	A	S	O	N	D

Typisch

Die kleinen, derben Blätter halten die Wasserverdunstung gering. Auf ihrer Unterseite befinden sich zwei deutliche Längsrinnen, über die die Feuchtigkeit von Tau, Schmelzwasser oder Regen aufgenommen werden kann.

Zwerg-Alpenrose (§)

Rhodothamnus chamaecistus

Der kleine, unempfindliche Strauch blüht oft noch während der Schneeschmelze. Dann nämlich ist für reichlich Feuchtigkeit gesorgt, die er für seine Entwicklung unbedingt braucht. Mit den »großen« Alpenrosen der Gattung Rhododendron *(siehe Seite 54/55 und 56/57) ist der Zwerg übrigens nicht näher verwandt. Er ist der einzige heute noch existierende Vertreter der uralten Pflanzengattung* Rhodothamnus *und hat den Alpenraum bereits im Tertiärzeitalter besiedelt.*

VORKOMMEN nur in den Ostalpen, ungefähr vom Allgäu bis zu den Karawanken; in etwa 1000–2400 m Höhe; auf Kalkgestein; in Latschenbeständen, auf sonnigen Felsheiden und Schutthalden; zerstreut, aber stellenweise in großer Zahl

Im Vergleich zu den winzigen Laubblättern wirken die Blüten besonders groß und prächtig. Ihre Mitte wird von zehn auffällig langen Staubblättern geschmückt.

MERKMALE 10–25 cm hoher, immergrüner Zwergstrauch, dessen dünne Ästchen sich dem Boden anschmiegen, nur die Zweige wachsen aufgerichtet; Blätter schmal elliptisch, ledrig derb, am Rand bewimpert; Blüten meist zu zweit oder zu dritt auf drüsigen Stielen, auch Kelchblätter drüsenhaarig, Kronblätter rosa, radförmig ausgebreitet; Früchte kleine, vielsamige Kapseln

VERWENDUNG Die Zwerg-Alpenrose ist bei Steingarten-Freunden zwar eine begehrte Pflanze, aber im Tiefland nicht leicht zu ziehen. Damit sie optimal gedeihen kann, braucht sie die Bedingungen des Hochgebirges.

Typisch

Die höchstens 1,5 cm langen, derben Blätter stehen an den Zweigenden gehäuft und sind am Rand mit kräftigen Borstenhaaren besetzt.

BLÜTEZEIT

J	F	M	A	M	J	J	A	S	O	N	D

Rostblättrige Alpenrose † (§)

Rhododendron ferrugineum

Die prächtigen Blüten der Alpenrosen ziehen nicht nur die Blicke der Bergwanderer an, sie sind auch für Hummeln und Bienen ausgesprochen attraktiv, bieten sie ihnen doch jede Menge Nektar an. Der allerdings hat es in sich. Er enthält denselben Giftstoff, der sich auch in hoher Konzentration in den Blättern der Pflanze findet. Den Bienen macht das nichts aus, wohl aber den Menschen, wenn sie allzu reichlich von deren Honig naschen. Als Vergiftungserscheinungen wurde schon von Erbrechen und Durchfall, von Rauschzuständen bis hin zu Wahnsinn berichtet. »Tollhonig« nannten die alten Griechen den Honig einer mediterranen Alpenrosen-Art.

Rostbraune Drüsenschuppen auf der Unterseite der Blätter dienen der Pflanze als Verdunstungsschutz – und gaben ihr ihren Namen.

VORKOMMEN in den Zentralalpen; vorwiegend in 1500–3000 m Höhe, gelegentlich auch tiefer, zum Beispiel im Alpenvorland; außerdem in den Pyrenäen, im Apennin und im Jura; auf Silikatgestein und sauren, humusreichen Böden; in lichten Bergwäldern, Zwergstrauchheiden, auf steinigen Almweiden und Felsschutt; stellenweise große Bestände bildend

MERKMALE 50–120 cm hoher, immergrüner, stark verzweigter Strauch mit aufrechten Trieben; Blätter an den Zweigenden gehäuft, schmal elliptisch, am Rand eingerollt, ältere Blätter an der Unterseite rostbraun; Blüten zu mehreren in Büscheln am Triebende, Krone glockig mit fünf ausgebreiteten Zipfeln, kräftig rosa bis leuchtend rot; Früchte vielsamige Kapseln

ACHTUNG! Die Blätter enthalten starke Giftstoffe, ebenso der Blütennektar. Daher sollten Sie keinesfalls die Blüten essen oder aussaugen, wenngleich sie süß schmecken!

VERWENDUNG Ebenso wie die Behaarte Alpenrose gilt die Rostblättrige Alpenrose als altes Volksmittel gegen Gicht, Rheumatismus und Steinleiden.

ÄHNLICHE ART Eine Art Zwillingsschwester ist die Behaarte Alpenrose (*Rhododendron hirsutum*, siehe Seite 56/57), die aber ausschließlich auf Kalkgestein gedeiht.

Typisch

Die Blätter haben einen unbehaarten Rand, der ein wenig nach unten umgerollt ist. Auf der Blattunterseite sind jüngere Blätter gelblich grün, ältere Blätter hingegen durch Drüsenschuppen deutlich rostbraun gefärbt.

Behaarte Alpenrose † (§)

Rhododendron hirsutum

Als »Donnerrosen« werden die Alpenrosen von vielen Bergbewohnern auch bezeichnet, sollen sie doch einem alten Aberglauben zufolge den Blitz anziehen. Bei einem Gewitter solle man sich daher keinesfalls mitten in einem Alpenrosengebüsch aufhalten, geschweige denn ein Sträußchen davon in der Hand tragen. Auch im Haus dürften sich keine Alpenrosen befinden, sonst sei es durch Blitzschlag gefährdet, heißt es. In den Volksnamen werden die beiden heimischen Alpenrosen-Arten, die Behaarte Alpenrose und die Rostblättrige Alpenrose (siehe Seite 54/55) oft nicht unterschieden. So heißen beide auch Almrausch. Tatsächlich sind sie so nahe verwandt, dass sie dort, wo ihre Verbreitungsgebiete aneinandergrenzen, häufig Mischlinge bilden.

Die prachtvollen Blüten bieten ihren Bestäubern, in erster Linie Hummeln, eine reiche Menge Nektar als Gegenleistung für ihre Dienste an.

VORKOMMEN in den mittleren und östlichen Kalkalpen, seltener auch in den Zentralalpen; meist in 1500–2500 m Höhe, gelegentlich auch tiefer; in lichten Latschenbeständen, an steinigen Hängen und Felsbändern, auf Felsschutt; stellenweise große Bestände bildend

MERKMALE 70–120 cm hoher, stark verzweigter, immergrüner Strauch mit dicht beblätterten Trieben; Blätter elliptisch, ledrig derb, mit behaartem Rand, Ober- und Unterseite grün; Blüten in dichten Büscheln an den Triebenden, Krone rosa, glockig, mit 5 sich weit öffnenden Zipfeln, innen behaart; Früchte vielsamige Kapseln

ACHTUNG! Nicht nur die Blätter, sondern auch der Blütennektar enthält Giftstoffe. Daher nicht die Blüten aussaugen, auch wenn sie süß schmecken!

VERWENDUNG Ein Aufguss der Blätter wird in der Volksheilkunde als schweiß- und harntreibendes Mittel bei Gicht, Rheuma und Steinleiden eingesetzt.

ÄHNLICHE ART Während die Behaarte Alpenrose ausschließlich über Kalkgestein wächst, kommt ihr Pendant, die Rostblättrige Alpenrose nur auf sauren, kalkarmen Böden vor, meist über Silikatgestein.

Typisch

Die Blätter tragen an den Rändern lange, borstige Haare, die an Wimpern erinnern. Mit deutschem Namen wird die Art daher auch oft Bewimperte Alpenrose genannt.

Alpen-Heckenrose (§)

Rosa pendulina

Im Gegensatz zu den auf den vorangehenden Seiten vorgestellten Alpenrosen, die zu den Heidekrautgewächsen zählen, ist die Alpen-Heckenrose eine echte Rose – die einzige richtige Gebirgsrose. Keine andere Art ihrer Gattung wagt sich in größere Höhen hinauf. Dabei kann sie recht unterschiedlich aussehen, weil sie zahlreiche verschiedene genetische Varietäten bildet, die sich nicht nur in der Form der Früchte unterscheiden, sondern auch in der Ausformung der Blattränder.

VORKOMMEN im gesamten Alpenraum, vor allem in den Zentralalpen, von den Voralpen bis in etwa 2600 m Höhe; ebenso in den übrigen Gebirgen Süd- und Mitteleuropas; meist auf etwas feuchten,

Egal, ob die Hagebutten rundlich oder eher flaschenförmig ausfallen, immer tragen sie einen langen Schopf vertrockneter Kelchblätter.

eher kalkarmen Böden; in lichten Bergwäldern, Latschenbeständen, Hochstaudenfluren und Zwergstrauchheiden, auf Blockhalden und Felsschutt; zerstreut

MERKMALE 0,50–2 m hoher, nur schwach verästelter Strauch, dessen Zweige spärlich mit borstenartigen Stacheln besetzt sind; Blätter gefiedert, mit ovalen, fein gezähnten Teilblättchen; Blüten mit 4–5 cm Durchmesser auffallend groß, dunkelrosa bis karminrot, in der Mitte der offenen Blütenschale zahlreiche gelbe Staubblätter; Früchte flaschenförmige bis kugelige, orangefarbene Hagebutten

VERWENDUNG Die Vitamin-C-reichen Hagebutten der Alpen-Heckenrose werden in der Volksheilkunde ebenso verwendet wie die der Tiefland-Heckenrosen, vor allem als Tee, der nicht nur harntreibend und blutreinigend wirkt, sondern auch noch gut schmeckt. Früher wurden sie zudem oft zu einem gesunden, leckeren Brotaufstrich verarbeitet.

BLÜTEZEIT

J	F	M	A	M	**J**	**J**	**A**	S	O	N	D

Typisch

Die Zweige der Alpen-Heckenrose sind nur sehr spärlich mit kurzen und dünnen Stacheln besetzt, und wenn, dann nur im unteren Bereich. Die oberen Triebe und Blütenzweige hingegen tragen keine Stacheln.

Dolomiten-Fingerkraut (§)

Potentilla nitida

Auf den höchsten Felszinnen wächst das Dolomiten- oder auch Glanz-Fingerkraut aus nur millimeterbreiten Gesteinsspalten heraus. Wie ein kleiner, aber dicker Teppich überziehen seine Triebe mit seidig behaarten Blättchen die Felswände. Seine unglaublich fein zerteilten Wurzeln dringen in die Tiefe der Spalten vor, um von dort das lebensnotwendige Wasser zu beziehen und zugleich die Pflanze sicher zu verankern. Würde man das Wurzelwerk eines einzelnen Fingerkrauts freilegen, hätte man ein Wurzeltuch von rund zehn Quadratmeter Fläche vor sich.

Ein ganzes Bündel feiner Stempel, das von jeweils 20 Staubfäden umstanden ist, bildet das Zentrum der aparten Blüten.

VORKOMMEN in den Südalpen, etwa vom Comer See bis Slowenien; auch im nördlichen Apennin; von 1300–3100 m Höhe; nur auf Kalk- oder Dolomitgestein; auf besonnten Felsen und ruhendem Felsschutt; selten

MERKMALE 2–5 cm hoher Halbstrauch, dessen Triebe teppichartig die Felsen überdecken; Blätter gefingert, dicht seidig behaart, dadurch silbrig grün erscheinend; Blüten einzeln auf kurzen Stängeln, bis 3 cm groß, Kronblätter rundlich, von zart rosa überhaucht über rot geadert bis intensiv karminrosa gefärbt, Kelchblätter ebenso wie die zahlreichen Staubblätter und Griffel purpurrot; Früchte Nüsschen mit einem rotbraunen Schopf aus verlängerten Griffeln

VERWENDUNG Das Dolomiten- oder Glanz-Fingerkraut, gärtnerisch auch oft Rötliches Fingerkraut genannt, ist als Steingartenpflanze im Handel. Seine vergleichsweise großen Blüten erscheinen allerdings im Garten selten so reichlich wie am Naturstandort. Häufig muss man sich sogar nur mit dem attraktiven, silbergrünen Laub zufriedengeben, das dafür aber in milden Wintern oft ganzjährig erhalten bleibt.

Typisch

Auch wenn die Blütenblätter sehr unterschiedlich intensiv gefärbt sind, wirkt die Blütenmitte wegen der zahlreichen purpurnen Griffel und Staubblätter doch immer dunkel purpurrot.

BLÜTEZEIT

J	F	M	A	M	J	J	A	S	O	N	D

Berg-Küchenschelle † (§)

Pulsatilla montana

Von welcher Küche kann hier, hoch droben auf dem Berg, die Rede sein? Von gar keiner. Die hübschen Verwandten der Anemonen halten vielmehr ihre Blütenblätter, solange die Blüten noch jung sind, zusammengeneigt zur Form einer Glocke, einer »Schelle« also. Und Schellen hängen im Gebirge um den Hals der Alm-Kühe. Kuhschelle heißen die Blumen dieser Gattung daher auch vielfach. Ausgehend von der Verkleinerungsform »Kühchen« wurden daraus die Küchenschellen.

VORKOMMEN in den Kalkketten des südlichen Alpenrandes und im Wallis; außerdem in den Pyrenäen und Karpaten sowie auf dem Balkan; von Tallagen bis in 2200 m Höhe; nur auf kalkhaltigen Böden; in trockenwarmen Wäldern, an buschigen Hängen, auf Trockenrasen; selten

Alles an der Pflanze ist mit einem dichten Haarpelz überzogen, nur die Innenseite der zarten Blütenblätter nicht.

Der schopfartige Fruchtstand besteht aus fedrigen Griffeln, die den reifen Nüsschen als Flugorgane im Wind dienen.

MERKMALE 10–20 cm hohe krautige, über und über zottig behaarte Pflanze mit aufrechtem, einblütigem Stängel; Grundblätter gestielt, fein gefiedert, erscheinen erst nach der Blüte; Hochblätter zu einem Quirl verwachsen, fein zerschlitzt; Blüte leicht nickend, purpurn bis dunkel blauviolett, bisweilen fast schwarzviolett, im Zentrum zahlreiche Griffel und goldgelbe Staubblätter; Früchte kleine Nüsschen mit langen, fedrigen Haarschöpfen

ACHTUNG! Wie alle Hahnenfußgewächse enthält auch diese Küchenschelle in allen ihren Teilen das giftige Protoanemonin. Es führt nicht nur beim Verzehr zu Vergiftungen, sondern bei Berührung auch zu Hautreizungen, vor allem bei Kontakt mit den Schleimhäuten.

BLÜTEZEIT

J	F	M	A	M	J	J	A	S	O	N	D

Typisch

Die kugeligen Fruchtstände aus zahlreichen kleinen, spindelförmigen Nüsschen fallen durch ihren fedrigen Haarschopf auf. Diese »Haare« bestehen aus den einzelnen, zottig behaarten Griffeln, die sich bei der Fruchtreife stark verlängern.

Kleines Alpenglöckchen (§)

Soldanella pusilla

Die Pflanzen im Hochgebirge haben nicht viel Zeit, um zu blühen und für ihre Fortpflanzung zu sorgen. Wo sie leben, ist der Winter lang und der Sommer kurz. Daher haben sie es im Frühjahr überaus eilig, unter der Schneedecke hervorzukommen. Das Alpenglöckchen schmilzt sich dabei den Weg gewissermaßen selber frei. Weil seine unter dem Schnee entwickelten Stängel und Knospen dunkel gefärbt sind, absorbieren sie das durchdringende Sonnenlicht stark und erwärmen sich dadurch. Man hat an diesen Stellen schon eine um bis zu 3 Grad höhere Temperatur gemessen als im umgebenden Schnee.

Das Große Alpenglöckchen trägt zwei oder sogar drei Blütenglocken an seinem blattlosen Stängel. Deren Blütenblätter sind bis über die Mitte fransig eingeschnitten.

VORKOMMEN in den Alpen etwa vom Berner Oberland und Wallis ostwärts, vor allem in den Zentralalpen; ebenso in den Karpaten, im Apennin und auf dem Balkan; in 1600–3100 m Höhe; vorzugsweise auf kalkarmen Böden; in Schneetälchen und auf Feinschutt

MERKMALE 2–10 cm hohe, immergrüne Staude; Blätter alle grundständig, rundlich bis nierenförmig, gerade mal 1 cm im Durchmesser, ledrig derb; Stängel aufrecht, blattlos, am Ende mit einem einzelnen, nickenden Blütenglöckchen; Blütenkrone rotlila, glockenförmig, am Rand fransig zerteilt, was der Pflanze auch den Namen Troddelblume eingebracht hat

ÄHNLICHE ART Die große Schwester, das Große oder Echte Alpenglöckchen (*Soldanella alpina*), ist mit seinen 7–5 cm Wuchshöhe zwar nicht wesentlich höher als die kleine Verwandte. Seine Blätter aber erreichen immerhin 4 cm im Durchmesser.

Typisch

Die schmale Blütenglocke des Kleinen Alpenglöckchens ist am unteren Rand zu einem Fransensaum zerschlitzt, der meist etwa ein Viertel ihrer Länge ausmacht.

BLÜTEZEIT

J	F	M	A	M	J	J	A	S	O	N	D

Wildes Alpenveilchen † (§)

Cyclamen purpurascens

BLÜTEZEIT

J	F	M	A	M	J	J	A	S	O	N	D

Beinahe exotisch wirken die Blüten mit ihren langen, umgeschlagenen Blattzipfeln, die sich über dem dekorativ gezeichneten Laub erheben. Kaum sind sie verblüht, beginnen sich ihre Stängel zu verlängern und sich spiralig um die anschwellende Fruchtkapsel zu wickeln. Sind die Samen reif, legen sich die Stängel auf den Boden und versenken die Kapsel in die Laubstreu. Hier ruht die Kapsel nun bis zum Sommer des folgenden Jahres. Erst dann öffnet sie sich und gibt die Samen frei, die entweder an Ort und Stelle keimen oder dank eines nahrhaften Anhängsels von Ameisen weiter verbreitet werden.

VORKOMMEN in den nördlichen und südlichen Randalpen nur zerstreut, in den südöstlichen Randalpen ziemlich häufig; auch in anderen süd- und mitteleuropäischen Gebirgen; nur auf kalkhaltigen Böden; von Tallagen bis in etwa 2000 m Höhe; in lichten Mischwäldern und Gebüschen

MERKMALE 5–15 cm hohe, immergrüne Knollenpflanze; Blätter alle grundständig, lang gestielt, herz- oder nierenförmig, die Blattoberseite mit heller Fleckenzeichnung, die Unterseite rötlich; Blüten purpurrosa bis karminrot, einzeln an langem Stiel, nickend, die 5 spitzen Kronblattzipfel aber zurückgeschlagen, also nach oben gerichtet; Frucht eine kugelige Kapsel

ACHTUNG! Vor allem die rundliche Erdknolle der Pflanze enthält starke Giftstoffe.

VERWENDUNG Früher wurden Alpenveilchenknollen in der Volksmedizin als drastisches Abführmittel verwendet. Bei Gartenfreunden sind in Kultur gezogene Alpenveilchen beliebte Beetpflanzen. Die in vielerlei Sorten als Zimmerpflanzen angebotenen Alpenveilchen stammen allerdings nicht von unserer europäischen Wildart ab. Es handelt sich um Hybridformen von *Cyclamen persicum*, einer nicht frostharten Art aus dem östlichen Mittelmeerraum.

Typisch

Die dunkelgrünen, nieren- oder herzförmigen Blätter tragen auf der Oberseite eine silbrighelle Zeichnung aus unregelmäßigen Flecken und Streifen und sind auf der Unterseite rötlich.

Zwergprimel (§)

Primula minima

Nicht zu übersehen sind die Blüten dieser kleinsten heimischen Primelart, zum einen wegen ihrem leuchtenden Purpurrot, zum andern, weil sie unverhältnismäßig groß sind im Vergleich zu den winzigen Blattrosetten. Weil die außen tief eingekerbten Blütenblätter die Gestalt von Herzen haben, von roten Herzen gar, heißt das kleine Blümchen im Riesengebirge auch »Habmichlieb«.

Weil die Ganzrandige Primel gerne in Mulden wächst, in denen sehr lange Schnee liegt, entfaltet sie ihre Blüten meist erst im Sommer.

VORKOMMEN in den Ostalpen, von Bayern und dem Brennerpass ostwärts; in 1500–3000 m Höhe; außerdem in den anderen Gebirgen Mittel- und Osteuropas; auf kalkarmen Böden, steinigem Magerrasen und ruhendem Schutt, in erdgefüllten Felsspalten, in Schneetälchen, aber auch auf windgefegten Graten; häufig, oft in größeren Beständen

MERKMALE 1–4 cm hohe, rasenbildende Staude; Blätter in kleinen Rosetten, die eng aneinandergedrängt sind, glänzend grün, keilförmig, am Außenrand gezähnt; Blüten auf kurzem Stängel, meist einzeln, Kronblätter leuchtend purpurrot, bis mindestens zur Mitte keilförmig eingeschnitten, Schlund in der Mitte weiß; Frucht eine kleine, rundliche Kapsel

ACHTUNG! Auch wenn die Pflanze unbehaart aussieht, ist sie doch fast überall von winzigen Drüsenhaaren bedeckt. Bei empfindlichen Personen können die Drüsensekrete bei Berührung Hautirritationen oder allergische Reaktionen auslösen.

ÄHNLICHE ART In den Westalpen, etwa vom Arlberg aus westwärts, wächst ein ungewöhnlich kleiner Vertreter der Primelfamilie, die Ganzrandige Primel (*Primula integrifolia*). Sie unterscheidet sich vor allem, der Name sagt es schon, durch ihre ovalen, glattrandigen Blätter von der Zwergprimel.

Typisch

Die glänzend grünen Blätter haben an ihrem Außenrand große, knorpelig wirkende und recht spitze Zähnchen.

BLÜTEZEIT

J	F	M	A	M	J	J	A	S	O	N	D

Behaarte Primel (§)

Primula hirsuta

Während im Tal die Primeln mit goldgelben Blüten den Frühling begrüßen, blühen ihre Verwandten hoch auf den Bergen mit Ausnahme der Aurikel (siehe Seite 208/209) alle in Rot. So auch die Behaarte oder Leimprimel. Sie haben sich damit an die Tagfalter angepasst, die dort oben ihre Bestäuber sind. Diese können nämlich die Rottöne gut wahrnehmen – anders als die rotblinden Bienen und Hummeln, für die die Primeln im Tiefland ihre Blüten gelb gefärbt haben.

VORKOMMEN in den Zentralalpen und südlichen Randalpen, etwa von den Grajischen Alpen bis zu den Hohen Tauern; außerdem in den Pyrenäen; in 1000–3600 m Höhe; bevorzugt kalk- und stickstoffarmen, feuchten Boden; auf steinigem Rasen, ruhendem Schutt, in Felsspalten; zerstreut

MERKMALE 2–7 cm hohe Staude; Blätter etwas fleischig, eiförmig, am Rand grob gezähnt; 1–3 Blüten auf einem kurzen Stängel, stehen knapp über den Blättern, Krone rosa bis purpurrot mit weißem Schlund, die 5 gerundeten Kronblattzipfel herzförmig eingekerbt, zart duftend; Frucht eine zylindrische Kapsel

ACHTUNG! Das klebrige Drüsensekret der Blätter und Stängel kann bei empfindlichen Menschen Hautreizungen oder allergische Reaktionen hervorrufen.

VERWENDUNG Die Behaarte Primel ist eine der Stammeltern unserer bekannten Garten-Aurikel. Sie wurde dazu mit der Alpen-Aurikel gekreuzt.

Typisch

Alle grünen Pflanzenteile sind dicht mit weißlichen Drüsenhaaren besetzt, die ein klebriges Sekret ausscheiden. Gelegentlich bleiben dadurch kleine Sandkörnchen oder andere Partikel an den Blättern kleben.

BLÜTEZEIT

J	F	M	**A**	**M**	**J**	**J**	A	S	O	N	D

Alpen-Mannsschild (§)

Androsace alpina

Der Alpen- oder Gletscher-Mannsschild ist ein wahrer Gipfelstürmer. Er wurde schon in über 4200 Metern Höhe gefunden. Damit erreicht er zwar nicht ganz den Höhenrekord (den hält mit 4450 Metern der Zweiblütige Steinbrech, siehe Seite 81), aber er zählt doch zu den zehn am höchsten hinaufsteigenden Alpenpflanzen. Das Gletschermoos, wie der kleine Überlebenskünstler auch genannt wird, sucht sich wohlweislich Wuchsorte, an denen es in den frostigen Zeiten von einer schützenden Schneedecke gegen Verdunstung geschützt ist. Denn während dieser Zeit ist in seiner eisigen Heimat alles Wasser gefroren und seine Wurzeln können kein Nass erreichen.

Manchmal schmücken sich die Polster des Alpen-Mannsschilds statt mit rosa mit weißen Blüten.

VORKOMMEN ausschließlich in den Alpen, vorwiegend in den Zentralalpen, von der Dauphiné bis zur Steiermark; meist in 2200–3500 m Höhe; auf kalkarmen Böden; auf feuchtem, mit Erde durchmischtem Feinschutt, auf Gletschermoränen, in erdgefüllten Felsspalten; zerstreut

MERKMALE 1–3 cm hohe, flache Staude, die mäßig dichte Polster oder Rasen bildet; Blätter in Rosetten, etwa 5 mm lang, lanzettlich, mit feinen, weißlichen Sternhaaren überzogen; Blüten einzeln, sehr kurz gestielt, stehen also knapp über dem Blattpolster, zumeist rosa oder blassviolett, manchmal auch weiß, mit gelbem Schlund; Frucht eine nur 2 mm große, runde Kapsel

ÄHNLICHE ART In den Südalpen, etwa zwischen dem Veltlin und den Gurktaler Alpen, vertritt der sehr ähnliche Steirische Mannsschild (*Androsace wulfeniana*) den Alpen-Mannsschild. Anders als dieser bleibt er aber meist unter 3000 m Höhe und ist an sehr trockenen, windausgesetzten Stellen zu finden.

Typisch

Der Alpen-Mannsschild wächst vorzugsweise an Stellen, die lange mit Schnee bedeckt sind. Darum entdeckt man ihn oft in feuchten Mulden und Schneetälchen.

Prachtnelke (§)

Dianthus superbus

BLÜTEZEIT

J	F	M	A	M	**J**	**J**	**A**	S	O	N	D

Auch wenn sie bei Regenwetter oft verwaschen aussieht, bei Trockenheit entfaltet sich ihre filigrane Schönheit. Wie eine Diva breitet die Prachtnelke dann ihre großen, extravaganten Blüten über dem Wiesengrün aus. Den Insekten macht sie es nicht leicht: Sie verbirgt ihren Nektar am Grund einer nur zwei Millimeter breiten, dabei aber 3,5 Zentimeter langen Blütenröhre. Wer keinen ausreichend langen Rüssel hat, schaut buchstäblich in die Röhre. Nur Tagfalter und tagaktive Schwärmer reichen so tief hinab – und dienen der Blume dabei als Bestäuber.

Die ausgebreiteten rosa Blütenblätter der Dolomiten-Nelke sind nur höchstens bis zur Hälfte fransig eingeschnitten.

VORKOMMEN in fast ganz Europa und Asien; im Alpenraum vor allem in den Ost- und Südalpen, in 1000–2400 m Höhe; auf wechselfeuchten, leicht basischen Böden; auf Magerrasen und Almweiden, in alpinen Heiden und Flachmooren; zerstreut

MERKMALE 30–60 cm hohe, krautige Pflanze mit meist unverzweigtem Stängel; Blätter linealisch schmal, sitzen gegenständig am Stängel; Blüten einzeln oder in einer wenigblütigen Rispe, die 5 Kronblätter bis über die Mitte hinaus fransig zerschlitzt, hell purpurn bis lila, Kelch rotbraun bis violett; Frucht eine aufrecht stehende, zylindrische Kapsel

ÄHNLICHE ART Auf kalkhaltigen Böden der Südostalpen und des Dachsteinmassivs kann man die kleine Schwester der Prachtnelke, die nur halb so große Dolomiten-Nelke (*Dianthus monspessulanus* ssp. *sternbergii*) finden. Ihre duftenden Blüten stehen einzeln auf dem Stängel.

Typisch

Die fast 5 cm großen, zerfransten Blüten sind nicht zu verkennen. Sie verbreiten einen zarten Duft nach Vanille.

Stängelloses Leimkraut (§)

Silene acaulis

Bis zu zwei Meter breit und 100 Jahre alt können sie werden, die dichten, flachen Polster der Kalk-Polsternelke, wie das Stängellose Leimkraut auch genannt wird. Weil im Inneren des Polsters immer wieder Blätter absterben, entsteht im Laufe der Zeit eine Schicht Humus, die von den zahlreichen Trieben und einem Netz von Feinwurzeln festgehalten wird. Die Hauptwurzel reicht dagegen bis zu 1,30 Meter tief in Felsspalten hinein und sorgt für eine sturmfeste Verankerung.

VORKOMMEN in den nördlichen und südlichen Kalkalpen häufig, in den übrigen Alpen eher selten; in Höhen von 1800–3500 m; auf alpinen Steinrasen, Graten und Schutthalden, in Felsspalten; auch in den Pyrenäen und auf dem Balkan sowie in Nordeuropa und in der Arktis

MERKMALE 1–5 cm hohe Polsterstaude mit stark verzweigten, dicht beblätterten Trieben; Blätter ledrig, linealisch schmal; Blüten einzeln auf 2–3 cm langen Stielen, rosa bis purpurrot, die rundlichen Kronblätter außen meist leicht eingebuchtet, Kelchblätter rot überlaufen; Frucht eine längliche Kapsel

ÄHNLICHE ART Auf kalkfreien oder zumindest kalkarmen Böden wächst in den Zentralalpen die sehr ähnliche Silikat-Polsternelke (*Silene exscapa*). Ihre Laubblätter sind noch kleiner, ihre Blütenstiele noch kürzer (nur 5 mm) als die ihrer kalkliebenden Schwester.

BLÜTEZEIT

J	F	M	A	M	**J**	**J**	**A**	S	O	N	D

Typisch

Die lebhaft purpurroten Blüten stehen oft dicht an dicht auf dem Blätterpolster, sodass sie schon von weitem zu sehen sind. Zudem machen sie sich durch einen starken Duft bemerkbar.

Rotes Seifenkraut

Saponaria ocymoides

Ob man die blühfreudige Staude nun Rotes oder Kleinblütiges oder Teppich-Seifenkraut nennt, immer erklären sich diese Namenszusätze von selbst, sobald man die Pflanze sieht. Nur – was hat die Seife im Namen zu suchen? Seifenkräuter enthalten in ihrem Wurzelstock Saponine. Das sind Inhaltsstoffe, die die Oberflächenspannung von Wasser herabsetzen und es zum Schäumen bringen wie Seife. Man verwendete früher Abkochungen der Wurzeln zur Reinigung von Wolle und Textilien. Bereits Hippokrates, dem berühmten Arzt der Antike, war dieses Waschmittel bekannt.

VORKOMMEN in den südlichen Randalpen häufig, in den übrigen Alpen zerstreut, nur im Nordosten fehlend; von Tallagen bis auf 2000 m Höhe; außerdem in den südeuropäischen Gebirgen; vorzugsweise auf kalkreichen Böden; an trockenen, steinigen Hängen, auf Gesteinsschutt, in lichten Föhrenwäldern und Latschengebüschen, an Wegrändern und auf Flussschotter

Die schmalen, rotbraun gefärbten Kelchröhren sind mit zahlreichen Drüsenhaaren besetzt, die ein klebriges Sekret absondern.

Das Rote Seifenkraut liebt Wärme und Kalk. Wenn es dies an seinem Standort erhält, blüht es monatelang mit großer Ausdauer.

MERKMALE 10–30 cm hohe, krautige Pflanze, die mit ihren kriechenden bis aufsteigenden Trieben oft Rasen bildet; Blätter verkehrt eiförmig, gegenständig am Stängel sitzend; Blüten in lockeren Blütenständen an den Triebenden, Krone rosa bis purpurrot, Kelchblätter zu einer dünnen Röhre verwachsen, rot überlaufen, dicht mit Drüsenhaaren besetzt; Frucht eine trockene, oben aufspringende Kapsel

VERWENDUNG Das Rote Seifenkraut ist eine beliebte Steingartenpflanze und wird gerne auch auf Trockenmauern gesetzt. Dabei handelt es sich nicht um eine Modeerscheinung der heutigen Zeit. Bereits im 16. Jahrhundert wurde es in wissenschaftlichen Schriften als Gartenpflanze erwähnt. Heute gibt es auch Zuchtsorten mit dunkelroten, weißen oder gar gefüllten Blüten.

BLÜTEZEIT

J	F	M	A	**M**	**J**	**J**	**A**	**S**	**O**	N	D

Typisch

Die langen, am Boden liegenden Triebe sind ebenso wie die rötlichbraunen Kelche dicht und abstehend behaart, die Blätter hingegen kahl.

Roter Steinbrech (§)

Saxifraga oppositifolia

Der Rote oder Gegenblättrige Steinbrech legt eine erstaunliche Anpassungsfähigkeit an den Tag. Mit einer ganzen Reihe von Unterarten besiedelt er die unterschiedlichsten Lebensräume. Dank seiner Genügsamkeit und Härte gelang es ihm, nach der Eiszeit, als sich die Eismassen zurückzogen, die ganze Arktis Eurasiens und Nordamerikas zu erobern. Mit seinem nördlichsten Vorkommen auf Grönland bei 83° 24' nördlicher Breite ist er eindeutig die Blütenpflanze, die dem Nordpol am nächsten kommt.

VORKOMMEN in den gesamten Alpen häufig; in 1500–3500 m Höhe; sowohl auf kalkhaltigen als auch auf kalkarmen Böden; auch in den anderen Gebirgen Süd- und Mitteleuropas sowie in der Arktis; auf feuchten, steinigen Rasen, Moränen, Geröllhalden, in Felsspalten

Als Gipfelstürmer unter den Alpenpflanzen wagt sich der Zweiblütige Steinbrech in eisige Höhen hinauf.

MERKMALE 1–5 cm hohe Staude mit zahlreichen, dem Boden aufliegenden Trieben, die sich zu einem dichten Polster fügen; Blätter blaugrün, annähernd dreieckig, fleischig, bis 6 mm groß, gegenständig am Stängel; Blüten jeweils einzeln am Ende eines Stängels, kräftig rosa bis weinrot, bis 2 cm im Durchmesser, Kelch bewimpert, oft rot überlaufen; Frucht eine trockene, vielsamige Kapsel

ÄHNLICHE ART Nur kleine Blüten, dafür aber zwei pro Stängel hat der Zweiblütige Steinbrech (*Saxifraga biflora*). Man kann ihn auf kalkreichem, feuchtem Steinschutt finden, vorzugsweise ganz oben auf den Bergen. Auf dem Dom, einem Berg im Wallis, wächst er noch in 4450 m Höhe und hält damit den Höhenrekord unter den Alpenblumen. Auch auf dem Matterhorn trifft man ihn noch oberhalb von 4000 m Höhe an.

Typisch

Die im Vergleich zu den Blättern beachtlich großen Blüten sind nur anfangs rosa bis weinrot, später verfärben sie sich blauviolett.

BLÜTEZEIT

J	F	M	A	M	J	J	A	S	O	N	D

Purpur-Enzian (§)

Gentiana purpurea

Wie alle Enziane setzt auch der Purpur-Enzian bei der Verbreitung seiner Samen auf den Wind, der ja in den Bergen keine Mangelware ist. Nach der Befruchtung fallen die Blütenblätter nicht ab, sondern schützen die heranreifenden Samen. Erst wenn diese reif sind und die Samenkapsel sich öffnet, geben die nun dürren Blütenblätter den Weg frei für den Wind. Die Samen sind besonders winzig und leicht, damit sie gut weggeweht werden können: Ein einzelnes Samenkörnchen wiegt nur 0,0005 Gramm.

VORKOMMEN in den Westalpen bis etwa zum Arlberg und Allgäu; in etwa 1500–2900 m Höhe; auch im Apennin sowie in Südnorwegen; nur auf kalkarmen Böden; auf Viehweiden, in Hochstaudenfluren, Zwergstrauchheiden und Karfluren, auf alpinen Rasen; zerstreut, aber gebietsweise häufig

Die bis zu fünf Zentimeter langen Blüten des Ungarischen Enzians sind meist stärker gepunktet als die des Purpur-Enzians und haben stets eine trüb violettrote Tönung.

MERKMALE 20–60 cm hohe Staude; Stängel aufrecht, unverzweigt, bis oben hin beblättert; Blätter eiförmig, zugespitzt, mit derben, parallelen Blattadern, sitzen kreuzgegenständig am Stängel; Blüten in den oberen Blattachseln, glockenförmig, außen purpurrot mit zahlreichen dunklen Pünktchen, innen gelblich; Frucht eine zweiklappige Kapsel

VERWENDUNG Vor allem die rübenähnliche Wurzel enthält verdauungsfördernde Bitterstoffe und wird daher traditionell – ebenso wie die des Gelben Enzians (siehe Seite 226/227) – zur Herstellung von Magenbittern und Enzianschnäpsen verwendet.

ÄHNLICHE ART In den Ostalpen wird der Purpur-Enzian durch den sehr ähnlichen Ungarischen oder Ostalpen-Enzian (*Gentiana pannonica*) vertreten. Sicher zu unterscheiden ist dieser an den Kelchblättern, die glockig verwachsen sind und fünf bis acht nach außen gebogene Zipfel tragen.

BLÜTEZEIT

J	F	M	A	M	J	**J**	**A**	**S**	O	N	D

Typisch

Ein sicheres Kennzeichen ist der häutige, zweizipfelige Blütenkelch, der auf einer Seite bis zu seiner Basis gespalten ist. Die Blütenfarbe hingegen kann stark variieren, von braunpurpurn bis fast pinkfarben.

Deutscher Enzian (§)

Gentianella germanica

BLÜTEZEIT

J F M A M J J **A S O** N D

Er ist oft spät dran mit seiner Blütenpracht. Die kleinen Blumenbüschelchen des Deutschen Enzians schmücken vielerorts noch im Oktober, als eine der letzten Blüten, die Bergwelt. Weil die Pflanze mit Beginn des Winters, also direkt nach dem Verblühen abstirbt, ergibt sich das Problem, dass ihre Samen in Turbogeschwindigkeit heranreifen müssen, wenn die nächste Generation gesichert sein soll. Untersuchungen haben gezeigt, dass die Bildung des Keimlings im Samen im Vergleich zu anderen Pflanzen tatsächlich beschleunigt abläuft und (meistens) noch rechtzeitig vor der großen Kälte fertig wird. Die späten Samen sind zwar klein, im Frühjahr aber dennoch voll keimfähig. Auf die Einlagerung von Reservestoffen verzichtet der Enzian dann.

VORKOMMEN in mehreren Unterarten und Varietäten im gesamten Alpenraum sowie in den Mittelgebirgen von Mitteleuropa; je nach Unterart von Tallagen bis in 2400 m Höhe; vorwiegend auf Kalkböden, gelegentlich auch in Silikatgebieten; auf Trocken- und Halbtrockenrasen, Schafweiden, in alpinen Heiden, an sonnigen Waldrändern; zerstreut, in den Zentralalpen selten

MERKMALE 5–30 cm hohe, ein- oder zweijährig wachsende Pflanze mit aufrechtem, vierkantigem Stängel, der einfach sein kann oder sich im oberen Teil stark verzweigt; Grundblätter zur Blütezeit meist bereits abgestorben, Stängelblätter gegenständig, breit lanzettlich; Blüten einzeln am Ende der Stängeläste, rotviolett, mit 5 Kronzipfeln und langem Bart am Eingang der Kronröhre; Frucht eine zweiklappige Kapsel mit zahlreichen Samen

ÄHNLICHE ART Gleichfalls bis weit in den Herbst hinein blüht der ähnliche Feldenzian (*Gentianella campestris*), der aber in kalkarmen oder kalkfreien Gebieten vorkommt. Bei ihm bleibt die Grundblattrosette während der Blütezeit erhalten und die violetten Blüten haben vier statt fünf Kronzipfel.

Typisch

Der Deutsche Enzian kommt in zwei verschiedenen Formen vor: Die im Frühsommer blühende Variante hat einen langgestreckten, nicht oder nur sehr wenig verzweigten Stängel, wohingegen die häufigere Herbstform gestaucht wirkt und buschig verzweigt ist.

Türkenbund-Lilie (§)

Lilium martagon

Die stattlichste unserer heimischen Lilienarten schmückt sich mit großen, exotisch wirkenden Blüten. In früheren Jahrhunderten war man allerdings weniger an den prächtigen Blüten als an der Zwiebel der Pflanze interessiert. Die Zwiebel besteht aus übereinander liegenden, schuppenartigen Blättern. Diese spitzen und fleischigen Schuppen erinnern an Kinderzähnchen. Man nutzte sie als Amulett, das man zahnenden Kindern umhängte. Und ihre ungewöhnliche goldgelbe Farbe brachte die Alchemisten des 16. Jahrhunderts dazu, sie für ihre Versuche der Goldherstellung einzusetzen.

VORKOMMEN in fast ganz Eurasien; von der Ebene bis in 2300 m Höhe; auf kalkhaltigen Böden; in krautreichen Wäldern und an Waldrändern, in den Bergen auch an offenen Standorten wie Hochgrasfluren, Bergwiesen und Matten; verbreitet, aber regional selten geworden

Die nach außen aufgerollten Blütenblätter geben der Blüte eine Form, die an die Turbane der frühen türkischen Sultane erinnert.

Die leuchtend roten Blüten der nahe verwandten, aber sonnenhungrigeren Turbanlilie sind schwerlich zu übersehen.

MERKMALE 40–100 cm hohe Zwiebelpflanze, an günstigen Standorten bis zu 1,50 m hoch; Stängel straff aufrecht, meist rot gefleckt; Blätter lanzettlich, untere etwa 15 cm lang, nach oben hin kleiner werdend, in der Mitte des Stängels in Quirlen angeordnet; Blüten nickend, Blütenblätter fleischrosa mit braunroten Tüpfeln, nach außen aufgerollt, Griffel und Staubblätter hängen weit aus der Blüte; Frucht eine aufrechte, dickliche Kapsel

VERWENDUNG Früher wie heute zählt der Türkenbund zu den beliebtesten Gartenlilien. Seit Ende des 19. Jahrhunderts wurden gärtnerisch Hunderte verschiedener Hybridformen gezüchtet, die auf dem Türkenbund basieren.

ÄHNLICHE ART In den Seealpen und der Haute-Provence kann man gelegentlich die Turbanlilie (*Lilium pomponium*) antreffen. Sie hat schmälere Blätter als der Türkenbund und leuchtend orangerote bis scharlachrote Blüten.

Typisch

Die Blüten verströmen vor allem abends und nachts einen schweren, durchdringend süßlichen Duft, der von vielen als eher unangenehm empfunden wird.

Feuerlilie (§)

Lilium bulbiferum

Trotz ihrer leuchtenden Farbe werden die Blüten der Feuerlilie nur von wenigen Insekten, meist Tagfaltern, besucht, weil sie völlig ohne Duft sind. Eine Befruchtung durch Bestäubung findet daher kaum statt. Da sie zudem vollständig selbststeril sind, das heißt, eine Selbstbefruchtung nicht möglich ist, entwickeln sich nur relativ wenige Samen. Doch die Pflanze weiß sich zu helfen: Sie bildet in den Blattachseln Brutzwiebeln aus, mit deren Hilfe sie sich ungeschlechtlich vermehren kann.

VORKOMMEN in den nördlichen Randalpen nur selten, in den südlichen Randalpen zerstreut, in den Dolomiten stellenweise ziem-

Bis zu 15 Zentimeter Durchmesser erreichen die geöffneten Blütenkelche. Diese beachtliche Größe sowie die feuerrote Färbung lassen sie im Gelände schon auf weite Distanz ins Auge stechen.

lich häufig; ebenso in den Gebirgen Südeuropas; von Tallagen bis in 2400 m Höhe; vorzugsweise auf Kalkböden; auf sonnigen, felsdurchsetzten Bergwiesen, an trockenwarmen Hängen, in Schuttfluren; im Tiefland gelegentlich auch aus Gärten verwildert

MERKMALE 20–90 cm hohe Zwiebelpflanze mit straff aufrechtem, dicht beblättertem Stängel; Blätter linealisch schmal, wechselständig; am Stängelende 1–5 aufrechte, trichterförmig geöffnete Blütenkelche mit 6 orangeroten Blütenblättern, die auf der Innenseite dunkle, behaarte Flecken tragen

VERWENDUNG Seit alters ist die Feuerlilie ein Schmuckstück für jeden Garten, von Kloster-, Burg- und Bauerngärten bis zu den modernen Vorgärten. Dabei war sie früher aufgrund ihrer feuerroten Farbe mit allerlei Aberglaube behaftet. So durfte man die »Donnerblume« nicht ins Haus bringen, weil sie angeblich den Blitz anzieht. Ins Johannisfeuer geworfen, sollte sie hingegen Unwetter abhalten.

Typisch

Blätter und Blüten der Feuerlilien sehen häufig ziemlich zerfressen aus. Es ist das Werk von kleinen, leuchtend roten Käfern, den Lilienhähnchen, die sich auf Lilien spezialisiert haben.

BLÜTEZEIT

J	F	M	A	**M**	**J**	**J**	A	S	O	N	D

Spinnweben-Hauswurz (§)

Sempervivum arachnoideum

Eine Pflanze, die sich selbst einen Schleier spinnt? Doch ja, das gibt es tatsächlich. Die Spinnweben-Hauswurz produziert aus Drüsen an der Spitze ihrer Blätter haarfeine Fäden, die sich dann im Wind über die benachbarten Blattspitzen verspannen und so ein weißes, hauchzartes Gewebe über der Blattrosette bilden. Dieses helle Gespinst reflektiert einen Teil des Sonnenlichts und stellt auf diese Weise einen Sonnenschutz dar. So erklärt sich auch, dass die »Spinnweben« an sonnenexponierten Standorten viel dichter ausgebildet sind als an halbschattigen Plätzen.

Die spinnwebartige Verhüllung der Blattrosetten mindert die Sonneneinstrahlung und verringert auf diese Weise den Wasserverlust durch Verdunstung.

VORKOMMEN beinahe überall in den Alpen; von 1000 bis über 3000 m Höhe; auch in den Pyrenäen und Karpaten; auf kalkarmen Böden; in Felsritzen, auf Felsschutt und steinigen Rasen

MERKMALE 5–15 cm hohe, immergrüne Staude mit nur etwa 2 cm großen Rosetten aus lanzettlichen, fleischigen Blättern, die meist braunrot überlaufen sind, bei starker Sonneneinstrahlung Rosetten zu dichten Halbkugeln geschlossen (Verdunstungsschutz); Stängel dicht beblättert, am Ende mit etlichen, 1–2 cm breiten, rosa bis karminroten Blüten mit schmalen, sternförmig ausgebreiteten Kronblättern

VERWENDUNG Die überaus dekorative Art wird häufig in Steingärten kultiviert.

BLÜTEZEIT

J	F	M	A	M	J	**J**	**A**	S	O	N	D

Typisch

Die von weißen »Spinnweben« dicht überzogenen Blattrosetten machen die Art unverwechselbar.

Alpen-Hauswurz (§)

Sempervivum tectorum ssp. alpinum

Eine der ältesten Gesetzesvorschriften für Hausbesitzer stammt aus der Regierungszeit Karls des Großen. Dieser legte um etwa 812 nach Christus in seiner Landgüterverordnung fest: »Wer einen Garten betreibt, soll auch Hauswurz auf seinem Dach haben.« Damals galt die Hauswurz als Abwender von Feuer und Unglück, als Blitzschutz und Vertreiber böser Geister. Wenngleich diese Verordnung längst nicht mehr gilt, hielt sich die Vorstellung der Hauswurz als Blitzableiter doch hartnäckig bis in unsere Zeit. So finden sich auf vielen alten Almgebäuden oder Heustadeln noch heute die Blattrosetten dieser kleinen Pflanzen.

Die dickfleischigen Blätter der Berg-Hauswurz kommen ohne Stachelspitze aus.

VORKOMMEN in den Alpen bis in knapp 3000 m Höhe; auch in anderen Gebirgen Mittel- und Südeuropas; auf kalkfreien Böden; auf steinigen Rasen, in Felsritzen und auf Felsschutt; verbreitet, aber nirgends häufig

MERKMALE 10–35 cm große, immergrüne Rosettenpflanze mit zunächst kugeligen, später geöffneten Rosetten aus fleischigen, lanzettlichen Blättern, oft rötlich überlaufen; daraus entsprießt ein beblätterter Stängel; am Stängelende ein dichter Blütenstand aus vielen rosafarbenen Sternblüten

VERWENDUNG In der Volksmedizin gilt der aus den Blättern gepresste Saft als bewährtes Mittel zur Förderung der Wundheilung.

ÄHNLICHE ART Die ebenso große Berg-Hauswurz (*Sempervivum montanum*) steigt noch höher empor. Noch auf 3400 m Höhe besiedelt sie die Felsen. Ihre dicht beblätterten Stängel wirken gedrungen, ihre Blätter sind über und über mit Drüsenhaaren besetzt.

Typisch

Die Blätter der Alpen-Hauswurz laufen in rotbraune, nicht besonders starre Stachelspitzen aus. Die Blattspreiten sind meist kahl, lediglich die Blattränder sind abstehend bewimpert.

BLÜTEZEIT

J	F	M	A	M	J	**J**	**A**	**S**	O	N	D

Alpen-Mutterwurz

Ligusticum mutellina

*Wo Bärwurz draufsteht, muss auch Bärwurz drin sein? Falsch! Die traditionellen braunen Steingutflaschen aus dem Bayerischen Wald, auf deren Etikett in altmodischer Schrift der Name »Bärwurz« zu lesen ist, enthalten zwar den hochprozentigen Bärwurz-Schnaps, dieser wird aber heute nicht mehr aus den Wurzeln der Bärwurz (*Meum athamanticum*), sondern – vornehmlich aus Artenschutzgründen – aus der ähnlichen, aber viel häufigeren Alpen-Mutterwurz gebrannt. Der erdige Geschmack ist – nun ja, Geschmackssache eben, die verdauungsfördernde Wirkung aber ist belegt.*

VORKOMMEN in den Alpen sowie in den übrigen Gebirgen Mittel- und Südeuropas; zwischen 1000 und 3000 m Höhe; auf Bergwie-

Die ähnliche Bärwurz erinnert mit ihren fein zerteilten Blättern an Fenchel.

sen und Viehweiden, in Hochstaudenfluren, auf Feinschutt und in Schneetälchen; weit verbreitet und fast überall recht häufig

MERKMALE 10–50 cm hohe Staude; Stängel dick, nicht oder nur sehr spärlich beblättert; Blätter 2- bis 3-fach gefiedert, im Umriss dreieckig, mit sehr schmalen Zipfeln; am Stängelende 2–3 dichte Blütendolden ohne Hüllblätter, Einzelblütchen mehr oder weniger stark rosa gefärbt, auch weiße oder rote kommen vor

VERWENDUNG Die Bergbewohner verwenden Mutterwurz-Blätter häufig in der Küche wie Petersilie. Auch zum Würzen von Käse werden sie eingesetzt. Ein Extrakt aus der Wurzel ist obligatorischer Bestandteil vieler Kräuterliköre und -schnäpse. Die Volksmedizin schätzt ihn als Mittel gegen Verdauungsbeschwerden, bei Leber-, Nieren- und Blasenleiden sowie bei Frauenleiden aller Art.

ÄHNLICHE ART Die stets weiß blühende Bärwurz (*Meum athamanticum*) hat noch feiner aufgespaltene Blätter, beinahe wie Dill. Sie ist in Aroma und Wirkung der Mutterwurz sehr ähnlich.

BLÜTEZEIT

J	F	M	A	M	J	J	A	S	O	N	D

Typisch

In der Sonne oder beim Zerreiben der Blätter zwischen den Fingern, verströmt die Mutterwurz einen starken, würzig-aromatischen Duft.

Grauer Alpendost †

Adenostyles alliariae

So hübsch die stattliche Pflanze auch blüht, es waren seit alters die beeindruckend großen Blätter, die die Menschen besonders schätzten. Weil sie in der Form an das Grün des Huflattichs erinnerten, ging man kurzerhand davon aus, dass sie auch ebenso wirken mussten, und setzte einen Tee aus ihnen als Heilmittel gegen Husten ein. Leider enthält der Alpendost jedoch die Leber schädigende Giftstoffe, was zu so mancher Vergiftung mit Leberschaden führte.

VORKOMMEN in den Alpen häufig; im Alpenvorland, Schweizer Jura, Schwarzwald und den Vogesen zerstreut; in 1000–2600 m Höhe; auf kalkarmen, steinigen, feuchten Böden; in lichten Bergwäldern, Hochstaudenfluren, an Bachufern

MERKMALE 60–150 cm hohe – manchmal sogar noch höhere – Staude mit kräftigen, aufrechten, spärlich beblätterten Stängeln; Grundblätter lang gestielt, herzförmig, grob gezähnt, Stängelblätter wechselständig; Blüten blassrosa bis rosaviolett, röhrenförmig, stehen zu 3–6 in kleinen Köpfchen beieinander, die ihrerseits große Dolden bilden; Früchtchen mit mehrreihigem, borstigem Haarkranz

VERWENDUNG In der Volksmedizin wird der Alpendost noch heute als Räuchermittel gegen Atemwegserkrankungen sowie für Umschläge und Bäder gegen Hautkrankheiten eingesetzt. In alter Zeit waren seine großen Blätter ein willkommenes Toilettenpapier am Wegesrand.

ÄHNLICHE ART In den Westalpen bis etwa zum Ötztal findet man den ähnlichen, aber kleineren (nur bis 40 cm hohen) Filzigen oder Weißfilzigen Alpendost (*Adenostyles leucophylla*). Der weiße Haarfilz seiner Blattunterseiten lässt sich nur mühsam und teilweise abstreifen.

BLÜTEZEIT

J	F	M	A	M	**J**	**J**	**A**	**S**	O	N	D

Typisch

Die filzige Behaarung, die beim Grauen Alpendost die Unterseite der großen Blätter weißgrau erscheinen lässt, kann man leicht mit den Fingern abwischen.

Wollköpfige Kratzdistel

Cirsium eriophorum

Bei Wanderungen durch die frühsommerliche Bergwelt kann man merkwürdige Gebilde entdecken: Auf strammen, oft fast mannshohen Stielen balancieren weiße Wollbälle hoch über den Alpenwiesen. Aus der Nähe betrachtet offenbaren diese einen recht abweisenden Charakter, ragen doch eine Vielzahl weinroter Stacheln aus dem weißen Haarfilz heraus. Des Rätsels Lösung: Die runden Kugeln sind die Blütenstandshüllen einer Kratzdistelart. Erst wenn die Pflanze aufblüht, präsentiert sie uns einen hübschen, purpurroten Blütenschopf.

VORKOMMEN in den gesamten Alpen; von Tallagen bis in 2300 m Höhe; ebenso in den übrigen Gebirgen Mittel- und Südeuropas; vorzugsweise auf Kalk, aber auch auf Silikatböden; an sonnigen Wegrändern, auf Weiden und Ödland, an Waldrändern; zerstreut, regional jedoch gehäuft

MERKMALE ein- oder zweijährig wachsende, bis zu 1,50 m hohe Pflanze mit kräftigen, weiß behaarten Stängeln; Blätter groß (die untersten bis zu 80 cm lang!) und tief unterteilt, auf der Unterseite weißfilzig behaart, an den Rändern mit langen, gelben Stacheln; Blütenköpfchen aus zahllosen purpurroten Röhrenblüten; Früchtchen mit fedrigem Haarkranz

VERWANDTE ART Weniger kratzbürstig gibt sich die ebenso große Verschiedenblättrige Kratzdistel (*Cirsium heterophyllum*). So tragen die Hüllblätter ihrer Blütenstände keine oder nur sehr kurze, weiche Stacheln, und ihre schmalen, annähernd ganzrandigen Laubblätter sind lediglich mit dickeren Borsten besetzt.

Typisch

Während die Stiele der Wollköpfigen Kratzdistel nur weich behaart sind, läuft jeder der vielen Blattzipfel ihrer Laubblätter in einen langen und kräftigen, gelben Stachel aus.

BLÜTEZEIT

J	F	M	A	M	J	**J**	**A**	**S**	O	N	D

Kopfiges Läusekraut † (§)

Pedicularis rostrato-capitata

Ihren wenig sympathisch klingenden Namen verdanken die Läusekräuter der Tatsache, dass man in früheren Jahrhunderten einen Absud aus ihren Blättern dazu verwendete, Läuse bei Vieh und Mensch zu bekämpfen. Welche der zahllosen verschiedenen Arten man dazu nahm, wurde nicht unterschieden. Es war auch unerheblich, da alle denselben Giftstoff Aucubin enthalten, der den Läusen den Garaus macht. Von den weltweit über 600 verschiedenen Pedicularis*-Arten kommen allein in den Alpen über 20 unterschiedliche vor. Man sieht sie nicht selten mitten auf den Almweiden stehen, darunter das Kopfige Läusekraut. Weil das Kraut einen brennend scharfen Geschmack hat, lässt das Weidevieh es gewöhnlich unangetastet.*

VORKOMMEN in den Kalkgebieten der Ostalpen, Karpaten und dem nördlichen Balkan; in 1200–2700 m Höhe; auf steinigen Rasen und Matten, meist an eher feuchten Stellen; selten

Das ähnliche Bündner Läusekraut steigt höher hinauf als alle seine Verwandten. Noch in fast 3300 Metern Höhe wurde es schon gefunden.

MERKMALE 10–20 cm hohe, krautige Pflanze mit aufrechten Stängeln; Blätter schmal, fiederteilig, Fiedern ihrerseits stark gezackt; 4–10 Blüten am Stängelende zu einem kopfigen Blütenstand zusammengefasst, Blütenkrone purpurrot, zweilippig, Oberlippe sichelförmig, vorn zu einem Schnabel ausgezogen; Frucht eine vielsamige Kapsel

ACHTUNG! Alle Pflanzenteile, besonders aber die Samen enthalten den Giftstoff Aucubin, der zu Entzündungen im Magen-Darmtrakt, zu Durchfall und Koliken, in größeren Mengen aufgenommen zu Gehirnblutungen führt.

ÄHNLICHE ART Das höchstens 10 cm hohe, ansonsten sehr ähnliche Bündner Läusekraut (*Pedicularis kerneri*) findet man häufiger in den West- und Zentralalpen, von Salzburg aus ostwärts nur selten.

Typisch

Die Oberlippe der Blüten ist zu einem langen, spitzen Schnabel ausgezogen, weshalb diese Art im deutschen Sprachgebrauch auch oft Geschnäbeltes Läusekraut genannt wird.

BLÜTEZEIT

J	F	M	A	M	J	J	A	S	O	N	D

Quirlblättriges Läusekraut † (§)

Pedicularis verticillata

Allein wäre die kleine Staude verloren, sie braucht Gras um sich herum, am besten ihr bevorzugtes Blaugras. Denn allein würde sie wohl bald vertrocknen. Wie alle Läusekraut-Arten ist auch das Quirlblättrige Läusekraut ein Halbschmarotzer, der mit Saugorganen an seinen Wurzeln in die Wurzeln von Wirtspflanzen eindringt und diesen vor allem Wasser, aber auch Nährsalze entzieht. Es kann es sich daher leisten, keinerlei Verdunstungsschutz auszubilden. Das wird deutlich, wenn man es abpflückt: Dann ist es in Nullkommanichts welk.

VORKOMMEN in den nördlichen und südlichen Kalkketten der Alpen verbreitet, seltener auch in den Zentralalpen, von

Die stets zu dritt oder viert in Quirlen um den Stängel stehenden Laubblätter gaben der Art ihren Namen.

etwa 1000–2800 m Höhe; auch in anderen Gebirgen Mittel- und Südeuropas, von den Pyrenäen bis zum Balkan, sowie in den arktischen Gebieten der Nordhalbkugel; auf alpinen Rasen und Matten, an feuchten, humusreichen Stellen

MERKMALE 5–20 cm hohe krautige Pflanze mit aufrechtem Stängel; Blätter lang und schmal, stark fiederteilig zergliedert und bis fast zur Mittelrippe eingeschnitten, grundständige Blätter in einer Rosette, Stängelblätter in Quirlen um den Stängel sitzend; am Stängelende zahlreiche purpurrote Blüten in einer dichten Traube, Blüten mit einer helmförmigen Oberlippe und einer dreilappigen Unterlippe; Frucht eine leicht zusammengedrückte, vielsamige Kapsel

ACHTUNG! Alle Pflanzenteile, besonders aber die Samen, enthalten einen Giftstoff, der zu Entzündungen im Magen-Darmtrakt, zu Durchfall und Koliken führt.

ÄHNLICHE ART Das etwas größere Fleischrote oder Ähren-Läusekraut (*Pedicularis rostrato-spicata*) hat wechselständige Stängelblätter und häufig – wie der Name schon sagt – eine matt fleischrote Blütenfarbe.

BLÜTEZEIT

J	F	M	A	M	J	J	A	S	O	N	D

Typisch

Wie alle seine Verwandten kann das Läusekraut durch die eigene Assimilation mit seinen Blättern nur ungefähr die Hälfte seines Nährstoffbedarfs decken. Den Rest zapft es mitsamt Wasser aus den Wurzeln einer Wirtspflanze ab.

Alpen-Steinquendel

Acinos alpinus

Typisch

Die Pflanze riecht deutlich nach Pfefferminze, vor allem, wenn man die Blätter zwischen den Fingern reibt. Daher wird sie vielfach auch als Bergminze bezeichnet.

BLÜTEZEIT

J	F	M	A	M	J	J	A	S	O	N	D

An seinen bevorzugten Standorten – sonnigen Südhängen – wächst der Alpen-Steinquendel meist inmitten einer bunten Blumenpracht. Will er Insekten anlocken, muss er daher einiges an Werbemaßnahmen aufbieten, um diese Konkurrenz auszustechen. Zunächst lockt er Hummeln, Bienen und Tagfalter mit intensivem Blütenduft an. Die kontrastreiche weiße Zeichnung seiner Blüten zeigt ihnen sodann einen perfekten Landeplatz auf der breiten Unterlippe und weist ihnen zugleich den Eingang in die Blütenröhre, an deren Basis reichlich süßer Nektar für sie bereitsteht. Beim Eintauchen in die Blüte ragen den Besuchern dann aber Staubbeutel in den Weg, deren Pollen sie zwangsläufig abstreifen – und zur nächsten Blüte weitertragen.

VORKOMMEN in den nördlichen und südlichen Kalkalpen; von Tallagen bis in 2500 m Höhe; ebenso in den übrigen Gebirgen Mittel- und Südeuropas, Nordafrikas und Kleinasiens; kalkliebend; auf trocken-warmen Rasen, Felsschutt und felsigen Hängen; häufig

MERKMALE 10–25 cm hoher Halbstrauch mit bogig aufsteigenden, am Grunde verholzten Trieben; Blätter eiförmig, kreuzgegenständig; Blüten in Quirlen in den Blattachseln sitzend, rotviolette, röhrenförmige Krone mit weißer Zeichnung auf der Unterlippe, länglicher, behaarter Kelch, in der Mitte deutlich verengt, an der Basis bauchig

VERWENDUNG In der Volksmedizin wird Tee aus Steinquendel als magenberuhigendes und nervenstärkendes Mittel eingesetzt. Gelegentlich findet die Pflanze auch als Würzkraut bei der Herstellung von Bergkäse Verwendung.

Die weiße Zeichnung auf der Unterlippe der Blüte bildet für Insektenaugen einen auffälligen Kontrast.

Alpenklee

Trifolium alpinum

An einem sonnigen, warmen Sommertag kann man ihn oft schon riechen, bevor man ihn gesehen hat: Wo der Alpenklee in größeren Beständen vorkommt, ist die Luft erfüllt von dem süßen Duft seiner großen Blüten. Die langgezogenen, roten Blütenblätter sind die größten aller heimischen Kleearten und machen den Alpenklee zweifellos zum schönsten Klee auf Bergeshöhen. Auch Gämsen und Murmeltiere finden ihn ausgesprochen attraktiv – sicherlich nicht seiner hübschen Blüten wegen, sondern weil seine Blätter und Triebe überaus nährstoffreich sind und süßlich aromatisch schmecken.

VORKOMMEN in den westlichen Zentral- und Südalpen (weshalb die Art auch häufig Westalpen-Klee genannt wird); in 1400–3000 m Höhe; außerdem in den Pyrenäen und im Apennin; vorzugsweise über Silikatgestein, also auf kalkarmen Böden, dort häufig, in Kalkgebieten selten; in Zwergstrauchheiden, auf sonnigen Almwiesen und felsdurchsetzten Matten

MERKMALE 5–20 cm hohe, krautige Staude; Blätter alle grundständig, dreiteilig, mit glattrandigen, schmallanzettlichen Teilblättchen; 12–15 Blüten am Ende eines aufrechten Stängels zu einem Köpfchen zusammengefasst, fleischrot bis purpurrot, Schiffchen häufig heller; Früchte winzige, braune Hülsen

VERWENDUNG In der Volksmedizin wird ein Sud aus der Wurzel gelegentlich als Hustensaft eingesetzt.

BLÜTEZEIT

J	F	M	A	M	**J**	**J**	**A**	S	O	N	D

Typisch

Die einzelnen Schmetterlingsblüten des Blütenköpfchens werden über 2 cm lang. Ihre ovale Fahne überragt dabei Schiffchen und Flügel weit.

Typisch

Die bis zu 50 Blüten eines Blütenstands stehen häufig nicht rund um den Stängel, sondern sind deutlich nach einer Seite gewandt.

BLÜTEZEIT

J	F	M	A	M	J	**J**	**A**	S	O	N	D

Alpen-Süßklee

Hedysarum hedysaroides

Nicht nur der Bergwanderer freut sich über die purpurroten Blüten, die aus den Almwiesen geradezu herausleuchten. Auch der Senner ist froh über ein üppiges Auftreten des Alpen-Süßklees. Wegen seines hohen Eiweiß- und Fettgehalts ist er eine der besten Futterpflanzen für das Almvieh. Und obwohl er entgegen seinem Namen leicht bitter schmeckt, wird er nicht nur von Kühen, sondern auch von den Wildtieren gerne gefressen.

VORKOMMEN in den nördlichen und südlichen Kalkalpen, selten auch in den Zentralalpen; auch in den Pyrenäen und Karpaten; in 1800–2500 m Höhe; vorzugsweise auf kalkhaltigen, lockeren Böden; auf steinigen Rasen, Matten und in Zwergstrauchheiden; zerstreut

MERKMALE 10–30 cm hohe Staude mit kantigen, aufrechten Stängeln; Blätter gefiedert mit bis zu 21 spitzovalen Teilblättchen, in zwei Reihen am Stängel; Blüten am Ende des Stängels in einer bis zu 5 cm langen Traube, rotviolett gefärbt, an kurzen Stängelchen etwas herabhängend; Frucht eine lange, abgeplattete Hülse, die jeweils zwischen den Samen eingeschnürt ist

ÄHNLICHE ART Auch die Berg-Esparsette (*Onobrychis montana*) hat lange, gefiederte Blätter und einen vielblütigen Blütenstand. Ihre Blüten sind aber purpurrosa mit dunkelroten Streifen und hängen nicht herab, sondern sitzen abstehend rund um den Stängel.

Die Blüten der Berg-Esparsette wirken bunter und hängen nicht herab.

Gewöhnliches Kohlröschen (§)

Nigritella nigra ssp. rhellicani

Kaum ein Gewächs der Alpen ist mit so viel Aberglauben behaftet wie das Kohlröschen, genauer gesagt dessen handförmige Knolle. Die vorjährigen, vertrockneten und daher schwärzlichen werden als Teufelskralle oder Teufelsfüßchen bezeichnet, die frischen, glatten, weißlichen als Muttergottes- oder Johannishand. »Eine Johannishand im Geldbeutel, dann geht das Geld nie aus! An die Stalltür genagelt schützt sie vor Hexerei und Blitzschlag und lässt die Kühe reichlich Milch geben. Ein Mädchen, das sich eine Johannishand ins Kopfkissen einnäht, wird im Traum ihren Zukünftigen sehen. Und Mädchen, die sich Kinder wünschen, müssen eine weiße Hand essen, wer aber keine Kinder will, greift stattdessen zur schwarzen Hand.« So oder ähnlich raten viele Volksweisheiten.

Gelegentlich kommen auch hellere Farbvarianten des Gewöhnlichen Kohlröschens vor, insbesondere in den Dolomiten.

Das Brand-Knabenkraut kann man nur mit dem Kohlröschen verwechseln, solange es noch nicht ganz aufgeblüht ist.

VORKOMMEN im ganzen Alpenraum; in etwa 1500–2700 m Höhe; vorzugsweise auf kalkhaltigen, aber auch auf kalkfreien Böden; auf alpinen Rasen und mageren Bergwiesen, verschwindet bei Düngung rasch; insgesamt selten, aber stellenweise in größerer Zahl

MERKMALE 5–20 cm hohe Knollenpflanze mit straff aufrechtem, leicht kantigem Stängel; Blätter grasartig schmal, wechselständig am Stängel sitzend; Blüten schwarzrot, zu einem sehr dichten, kugeligen oder eiförmigen Blütenstand zusammengefasst, die Blütenblätter dreieckig spitz; Früchte vielsamige Kapseln

ÄHNLICHE ART Wenn das Brand-Knabenkraut (*Orchis ustulata*) noch nicht aufgeblüht ist, sieht sein Blütenstand oft gleichfalls fast schwarz aus. Seine Blätter sind aber viel breiter, geöffnete Blüten sind hellrosa und tragen dunkle Punkte.

Typisch

Die Blütenstände des Kohlröschens verströmen einen intensiven Duft nach Vanille.

BLÜTEZEIT

J	F	M	A	M	J	J	A	S	O	N	D

Blütenfarbe Weiß bis Creme

Alpen-Gänsekresse

Arabis alpina

BLÜTEZEIT

J F M A M J J A S O N D

Das zarte Pflänzchen liebt es kühl und feucht. Es sucht sich daher als Wuchsort gerne schattige Schluchten aus, um die die meisten anderen Gebirgsblumen einen weiten Bogen machen. Gelegentlich findet man sogar im Winter blühende Exemplare. Oft bleiben die Samenschoten an den Stängeln bis in den Winter hinein stehen, um dann ihre Samen auf den Schnee auszustreuen. Das Schmelzwasser übernimmt in Tauperioden oder spätestens im Frühjahr die Verbreitung der Samen.

VORKOMMEN in den Kalkalpen; von Tallagen bis in 3300 m Höhe; ebenso in den anderen Gebirgen Europas, in Skandinavien, auf Grönland und in Nordostamerika – mit anderen Worten rings um den Atlantik; auf kalkhaltigen Felsen, Schutt und Geröll, in Quellfluren; zerstreut bis häufig

MERKMALE 10–40 cm hohe, rauhaarige Staude mit verzweigten Stängeln; Blätter oval, grob gezähnt, grundständige Blätter in Rosetten, Stängelblätter wechselständig und stängelumfassend; Blüten in lockerer Traube, weiß, rundliche Kronblätter; Früchte bis 6 cm lange, dünne, vom Stängel abstehende Schoten

VERWENDUNG Weil sich das Pflänzchen auch mit einem Schattenstandort begnügt und zudem noch unermüdlich blüht, ist es ein beliebtes Steingartengewächs.

ÄHNLICHE ART An ähnlichen Standorten, aber in allen ihren Teilen kleiner, wächst die Zwerg-Gänsekresse (*Arabis pumila*).

Die Blätter der kleinen Zwerg-Gänsekresse haben einen glatten Rand.

Typisch

Die Stängelblätter sind – wie die ganze Pflanze – rau behaart und haben eine deutlich herzförmige Basis, mit der sie den Stängel weit umfassen.

Alpen-Gämskresse

Hutchinsia alpina

Gämsen mögen es offenbar pikant. Jedenfalls knabbern sie gern die nach Kresse schmeckenden Blättchen dieser kleinen Polsterpflanze ab, so gern, dass das Gewächs danach benannt wurde. Die Gämskresse-Polster verfügen über kräftige Pfahlwurzeln und zusätzlich über ein dichtes Feinwurzelwerk. Auf steilen Felsschutthängen stellen sie damit ein standhaftes Hindernis für den rutschenden Schutt dar. So werden sie zu ersten ruhenden Inseln, an denen sich in der Folge Feinerde anlagert und sich weitere Pflanzen ansiedeln können.

VORKOMMEN vor allem in den nördlichen und südlichen Randalpen, seltener auch in den Zentralalpen; außerhalb der Alpen von den Pyrenäen bis zu den Karpaten und zum nördlichen Balkan; von Tallagen bis über 3000 m Höhe; je nach Unterart auf Kalk- oder Silikatgestein; auf feuchten Felsschutthalden und Geröll, gelegentlich auf steinigen Bergweiden

Die Alpen-Gämskresse braucht zwar nicht viel Humus, um zu gedeihen, aber reichlich Feuchtigkeit.

MERKMALE 5–15 cm hohe Polsterpflanze mit aufsteigendem, blattlosem Stängel; Blätter fiederteilig, in einer grundständigen Rosette; Blüten weiß, in dichten, doldenartigen Blütenständen; Früchte schmalovale, flachgedrückte Schötchen

VERWENDUNG Was den Gämsen mundet, können auch wir uns schmecken lassen: Aufs Butterbrot gelegt ergeben die reichlich Senföle enthaltenden Blättchen der Gämskresse eine leckere Bergbrotzeit. Gartenfreunde bepflanzen ihren Steingarten mit der zierlichen, aber reichblühenden Polsterstaude.

VERSCHIEDENE UNTERARTEN Die Gämskresse tritt in verschiedenen Unterarten auf, die sich äußerlich nur schwer, wohl aber anhand ihrer bevorzugten Standorte unterscheiden lassen. Die häufigere Kalk-Gämskresse (*Hutchinsia alpina* ssp. *alpina*) besiedelt Kalkschutthänge, die seltenere und etwas kleinere Silikat-Gämskresse (*Hutchinsia alpina* ssp. *brevicaulis*) meidet Kalkböden strikt.

BLÜTEZEIT

J	F	M	A	M	J	J	A	S	O	N	D

Typisch

Die winzigen spindelförmigen Schoten stehen auf dünnen Stielchen und im schrägen Winkel von der Blütenstandsachse ab.

Christrose † (§)

Helleborus niger

Dass die Christrose auch als Schneerose bezeichnet wird, wundert angesichts ihrer extrem frühen Blütezeit nicht. Schon mit den ersten wärmenden Sonnenstrahlen sind ihre Blüten da. Das funktioniert nur, weil die Pflanze bereits vorgearbeitet hat. Schon im Herbst entwickelt sie ihre neuen Blüten, die dann unter der schützenden Schneedecke fix und fertig nur noch darauf warten, dass es taut und sie sich emporstrecken können. In milden Wintern kann das auch schon mal um die Weihnachtszeit der Fall sein – daher der Name Christrose.

VORKOMMEN in den nördlichen und südlichen Kalkalpen; von Tallagen bis in 1800 m Höhe; auf nährstoffreichen, kalkhaltigen Böden; in lichten Bergwäldern, auf steinigen, mit Buschwerk bestandenen Hängen; selten

Kurz vor dem Verblühen färben sich die Büten der Christrose meist hellgrün.

MERKMALE 15–30 cm hohe Staude; Blätter alle grundständig, lang gestielt, handförmig in 4–9 Abschnitte geteilt; Stängel fleischig, fast blattlos, am Ende eine einzelne, bis zu 10 cm breite Blüte mit 5 weißen, ovalen Blütenblättern und zahlreichen gelben Staubblättern; Frucht eine längliche Balgfrucht

ACHTUNG! Alle Teile der Christrose, vor allem aber Wurzelstock und Samenkapseln, sind stark giftig!

VERWENDUNG Früher galt die Wurzel der Schneerose, in Wein ausgekocht, als Mittel gegen Geisteskrankheit. Teilweise empfiehlt die Volksheilkunde sie heute noch als Brech- und Abführmittel. Von einer Selbstbehandlung ist allerdings dringend abzuraten, denn der hohe Giftgehalt der Pflanze kann fatale Folgen haben, wie ein altes Sprichwort besagt: »Drei Tropfen machen rot, neun Tropfen machen tot.« Bis in jüngste Zeit war ein Pulver aus dem schwärzlich gefärbten Wurzelstock ein Hauptbestandteil von Niespulver. Heute darf es nicht mehr darin enthalten sein. Doch ist der Pflanze im allgemeinen Sprachgebrauch der Name Schwarze Nieswurz geblieben. Ihre außergewöhnliche Blütezeit machte die Christrose – ungeachtet ihrer Giftigkeit – zu einer beliebten Gartenpflanze.

Typisch

Die ledrig derben Laubblätter der Christrose bleiben den Winter über erhalten und werden erst im Frühjahr durch neue ersetzt.

Frühlings-Küchenschelle ✝ (§)

Pulsatilla vernalis

Pelz-Anemone wird die kleine Verkünderin des Bergfrühlings auch genannt, was angesichts ihres goldgelben Haarkleids verständlich ist. Sie trägt ihren Pelz jedoch nicht, um sich zu wärmen, sondern um sich vor dem Verdorren zu schützen. Sie wächst nämlich bevorzugt an trockenen, exponierten Standorten, wo Wind und Sonne rasch jede Feuchtigkeit verdunsten lassen. Hier dient der Pelz dazu, Nebeltröpfchen und die Feuchte der Nacht ein wenig länger zu bewahren und den Wind nicht direkt an die Pflanzenoberfläche heranzulassen.

VORKOMMEN vor allem in den Silikatgebieten der Zentralalpen; seltener auch in anderen Gebirgen Süd- und Mitteleuropas, in Nordskandinavien und Nordrussland; vom Flachland bis in 3600 m Höhe; auf trockenen Magerrasen, in Zwergstrauchheiden

MERKMALE 5–15 cm hohe Staude mit dicht behaarten Stängeln; Grundblätter flach dem Boden anliegend, gefiedert, mit ovalen, tief gezackten Teilblättchen, am Stängel unterhalb der Blüte ein Quirl aus zottig behaarten, in dünne Abschnitte zerteilten Hochblättern; Blüten einzeln am Stängelende, bis 6 cm breit, Blütenblätter innen

Die Außenseite der Blütenblätter trägt eine zarte rosa oder violette Tönung.

weiß, außen mehr oder weniger stark rosa, violett oder zart bläulich überlaufen; Fruchtstand aus zahlreichen Nüsschen mit fedrig verlängerten Griffeln

ACHTUNG! Wie alle Hahnenfußgewächse ist auch die Frühlings-Küchenschelle giftig.

ÄHNLICHE ART Mit einer Wuchshöhe von 20–50 cm ist die Alpen-Küchenschelle (*Pulsatilla alpina*) die große Schwester der Frühlings-Küchenschelle. Vor allem in den nördlichen Randalpen ist sie recht häufig zu finden.

BLÜTEZEIT

J	F	M	A	M	J	J	A	S	O	N	D

Typisch

Die dem Boden aufliegenden, ledrigen Blätter des Vorjahrs bleiben über den Winter erhalten, neue Blätter entwickeln sich erst nach der Blüte. Das unterscheidet diese Art von allen anderen Küchenschellen.

Eisenhutblättriger Hahnenfuß †

Ranunculus aconitifolius

Von den zahlreichen »Hahnenfüßen«, die in den Alpen anzutreffen sind, ist der Eisenhutblättrige Hahnenfuß einer der stattlichsten. Vom Weidevieh wird die große, scharf schmeckende Staude gemieden, sodass ihre hohen Triebe auf den Weiden stehen bleiben. Weil ihr auch die übermäßige Stickstoffdüngung des Bodens durch die Viehexkremente nichts ausmacht, entwickeln sich auf Almwiesen nicht selten regelrechte Massenbestände.

VORKOMMEN im ganzen Alpengebiet; ebenso in den anderen Gebirgen Mittel- und Südeuropas; von etwa 1500 bis in 2600 m Höhe; auf Silikatgestein; vorzugsweise an feuchten Standorten, an staudenreichen Waldrändern, Bachufern, in Quellfluren und Hochstaudenfluren; ziemlich häufig

MERKMALE 30–100 cm hohe, vielblütige Staude mit verzweigten, beblätterten Stängeln; Grundblätter lang gestielt, handförmig geteilt, Stängelblätter ungestielt; Blüten reinweiß, auf langen Stielen, die aus den Achseln der oberen Blätter wachsen; Früchte kleine Nüsschen, die eng zusammensitzen

ACHTUNG! Wie alle Hahnenfußarten enthält auch diese in allen Pflanzenteilen Giftstoffe. Sie können bei Berührung der Haut, vor allem der Schleimhäute, Reizungen hervorrufen.

ÄHNLICHE ART Leicht mit dem Eisenhutblättrigen Hahnenfuß zu verwechseln ist der sehr ähnlich aussehende Platanenblättrige Hahnenfuß (*Ranunculus platanifolius*), der überdies auch noch an gleichartigen Standorten, jedoch stets über Kalkgestein wächst.

BLÜTEZEIT

J	F	M	A	M	J	J	A	S	O	N	D

Typisch

Die langen Blütenstiele sind beim Eisenhutblättrigen Hahnenfuß dicht behaart, bei seiner Zwillingsart, dem Platanenblättrigen Hahnenfuß, hingegen unbehaart.

Gletscher-Hahnenfuß † (§)

Ranunculus glacialis

Lange hielt er den Höhenrekord unter den Alpenblumen. Am Finsteraarhorn (Berner Alpen) hat man noch in 4270 Metern Höhe ein blühendes Exemplar des Gletscher-Hahnenfußes entdeckt. Jüngst allerdings musste sich der Gipfelstürmer geschlagen geben: Der Zweiblütige Steinbrech (siehe Seite 81) *schaffte es im Schweizer Wallis auf 4450 Meter. Weil in solchen Höhen kaum noch Insekten fliegen, bleibt dem Gletscher-Hahnenfuß häufig nichts anderes übrig, als sich mit Selbstbestäubung zu behelfen.*

Das UV-Licht des Hochgebirges färbt die Kronblätter zunehmend rosa.

VORKOMMEN in den Zentralalpen; ebenso den Pyrenäen und Karpaten; in 2300 bis über 4200 m Höhe; außerdem in der Arktis; auf kalkarmem Schutt, Geröll, Gletschermoränen und blankem Fels; ausgesprochen selten

MERKMALE 5–20 cm hohe Staude, deren oft mehrblütige Stängel dem Untergrund aufliegen oder sich im Bogen aufrichten; Blätter glänzend, etwas fleischig, handförmig in 3–5 gezähnte Lappen geteilt; Blüten etwa 3 cm breite Becher, zunächst weiß, später zunehmend errötend; als Früchte pro Blüte zahlreiche Nüsschen

ACHTUNG! Wie alle Hahnenfußarten enthält auch der Gletscher-Hahnenfuß Giftstoffe.

ÄHNLICHE ART Den ebenso kleinen Alpen-Hahnenfuß (*Ranunculus alpestris*) findet man ausschließlich in Gebieten mit Kalkgestein, und zwar meist in etwa 1500–3000 m Höhe.

BLÜTEZEIT

J	F	M	A	M	J	J	A	S	O	N	D

Typisch

Nach dem Verblühen fallen Kron- und Kelchblätter nicht ab, sondern bleiben noch bis zur Fruchtreife erhalten – eine Eigentümlichkeit, die den Gletscher-Hahnenfuß von sämtlichen anderen Hahnenfußarten unterscheidet.

Zwerg-Mannsschild (§)

Androsace chamaejasme

Typisch

Die nur etwa 2–3 mm breiten Blätter sind am Rand dicht mit etwa 2 mm langen Haaren besetzt, was der Art auch den Namen Bewimperter Mannsschild eingetragen hat.

BLÜTEZEIT

J	F	M	A	M	**J**	**J**	**A**	S	O	N	D

Anders als so manche Polsterpflanze des Hochgebirges, die ihre Blüten direkt auf dem Blätterkissen trägt, stemmt der Zwerg-Mannsschild seine Blüten auf einem kräftigen Schaft in die Höhe. Dadurch und auch, weil sich stets mehrere Blüten zu einem Sträußchen vereinen, werden Insekten leicht auf sie aufmerksam. Jede Blüte bietet ihnen reichlich Nektar an – gewissermaßen als Gegenleistung für ihre Bestäubungsdienste. Ist die Bestäubung erfolgt, verfärbt sich der Farbring im Zentrum der Blüte von Gelb über Orange nach Karminrot. Das ist das Signal für die Insekten, dass hier nichts mehr zu holen ist.

VORKOMMEN in den gesamten Alpen, am häufigsten in den nördlichen Randalpen; meist in etwa 1800–3000 m Höhe; auch in den Pyrenäen, Karpaten, im Kaukasus sowie in Nordsibirien und Nordamerika; auf kalkreichen, stickstoffarmen Böden; in steinigen alpinen Rasen, auf ruhendem Schutt, in erdgefüllten Felsspalten, auf windgefegten, im Winter oft schneefreien Graten und Felsplatten; zerstreut

MERKMALE 2–4 cm hohe Rosettenpflanze mit bis zu 10 cm hohem Blütenschaft; Blätter 1–1,5 cm lang, lanzettlich, am Rand behaart, bilden eine flache Rosette; Blüten zu fünft bis zehnt in einer kleinen Dolde beieinanderstehend, Krone weiß mit gelbem bis rotem Schlundring; Frucht eine kugelige Kapsel

ÄHNLICHE ART Auch beim Zottigen Mannsschild (*Androsace villosa*) stehen die Blüten auf langen Stängeln über den Blattrosetten. Seine Blätter weisen aber nicht nur am Rand, sondern ebenso auf der ganzen Unterseite eine dichte, zottige Behaarung auf.

Der Zottige Mannsschild signalisiert den Insekten, ebenso wie der Zwerg-Mannsschild, durch Farbmale, ob es hier noch Nektar gibt oder nicht.

Schweizer Mannsschild (§)

Androsace helvetica

Dort, wo auf blankem Fels sonst keine Pflanzen mehr wachsen können, schafft sich der Schweizer Mannsschild kurzerhand selbst die notwendigen Lebensgrundlagen. Im Inneren seines kompakten Polsters sterben nämlich die alten Blättchen nach und nach ab und werden allmählich zu Humus. Dieser liefert den Wurzeln Nährstoffe zurück. Sozusagen Recycling auf kürzestem Weg. Zudem hält der Humus wie ein Schwamm eine Menge Feuchtigkeit fest, sodass die Pflanze auch längere Trockenzeiten überstehen kann.

BLÜTEZEIT

J	F	M	A	M	J	J	A	S	O	N	D

Der Schweizer Mannsschild bildet dichte, halbkugelige Polster aus.

VORKOMMEN ausschließlich in den Alpen, am häufigsten in den nördlichen Randalpen, seltener in den Zentral- und südlichen Randalpen, dort von Südtirol bis zu den Julischen Alpen (also keineswegs – wie der Name vermuten lässt – nur in der Schweiz); in 1500–3500 m Höhe; nur auf Kalkgestein; auf Felshängen, Felsschutt und in Felsspalten

MERKMALE nur 1–3 cm hohe, in kompakten Polstern wachsende Staude mit einer tief in Felsspalten hinabreichenden Pfahlwurzel; Blätter 2–4 mm lang, spatelförmig, graufilzig behaart, sitzen dachziegelartig dicht am Stängel; Blüten einzeln in den obersten Blattachseln, Krone weiß, gelegentlich rosa überhaucht, mit gelbem Schlundring; Früchte winzige, kugelige Kapseln

ÄHNLICHE ART Auch der Vandellis Mannsschild (*Androsace vandellii*) bildet feste, halbkugelige Polster, die im Sommer mit weißen Blüten bestückt sind. Im Gegensatz zum Schweizer Mannsschild wächst er aber nicht auf Kalk-, sondern auf Silikatgestein.

Typisch

Die säulchenartigen Stängel sind dicht besetzt mit derben Blättchen, die im oberen Stängelbereich leben, zum Inneren des Polsters hin jedoch abgestorben sind.

Trauben-Steinbrech (§)

Saxifraga paniculata

Typisch

Auf dünnen Stängeln schweben die zarten Blütenrispen hoch über den flachen, graugrünen Blattrosetten.

Auf den ersten Blick sehen die zu einem lockeren Polster vereinten Blattrosetten des Trauben-Steinbrechs graugrün aus. Erst wenn man genauer hinsieht, erkennt man feinen Kalkstaub und weißliche Kalkbrösel auf den Blättern und zudem oftmals eine Bordüre weißer Kalkschuppen an ihren Rändern. Zwischen den Zähnchen am Rand der Blätter befinden sich sogenannte Wasserspalten, aus denen die Pflanze kalkhaltiges Wasser aktiv ausscheidet, um einen Kalküberschuss zu vermeiden. Wenn das Wasser in der Sonne verdunstet, fallen die darin gelösten Kalziumsalze als Kalziumkarbonat, also Kalk, aus. Mit der Zeit bilden sich über den Wasserspalten Kalkschuppen, die dann häufig abbröseln und auf der Blattfläche liegen bleiben. Der weiße Staub trägt zum Sonnenschutz der Pflanze bei, indem er das Licht reflektiert.

VORKOMMEN in den gesamten Alpen; ebenso in den übrigen Gebirgen Eurasiens; vorzugsweise auf kalkreichem Untergrund; auf steinigem Rasen, in Felsfluren und in Felsspalten; zerstreut

Weiße Kalkschüppchen am gezähnten Blattrand betonen die Konturen der Blätter.

MERKMALE 5–40 cm hohe, immergrüne Polsterstaude mit flachen Blattrosetten und hohen, dünnen Blütenstängeln; Rosettenblätter fleischig, zungenförmig, am Rand knorpelig gezähnt; Blüten in einer lockeren, vielblütigen Rispe, Kronblätter rundlich, weiß, oft mit feinen, roten Punkten; Frucht eine kleine, vielsamige Kapsel

VERWENDUNG Weil die immergrünen Blattrosetten das ganze Jahr über hübsch aussehen und die Pflanze zudem rasch wächst und willig blüht, zählt sie zu den beliebtesten Steingartenpflanzen.

BLÜTEZEIT

J	F	M	A	**M**	**J**	**J**	**A**	S	O	N	D

Moos-Steinbrech (§)

Saxifraga bryoides

Typisch

Wenn sie nicht blühen, sehen die flachen, dichten Rosettenpolster des Moos-Steinbrechs tatsächlich wie ein Moospolster aus.

BLÜTEZEIT

J	F	M	A	M	J	J	A	S	O	N	D

Steinbrech – dieser Name ist schlicht ein Irrtum. Er geht zurück auf den römischen Gelehrten Plinius den Älteren, der das Gewächs im ersten Jahrhundert nach Christus als eine Pflanze, »die den Stein bricht« beschrieb. Sowohl der botanische wie der deutsche Name ist lediglich die wörtliche Übersetzung aus dem Lateinischen. Verleitet durch den Wuchsort in Felsspalten nahm man fälschlich an, das Pflänzchen würde mit der Wuchskraft seiner Wurzeln den Fels sprengen. Doch muss ein Keimling zumindest eine Ritze vorfinden, in der er Halt finden kann. Auf Kalkstein vermag er dann tatsächlich mithilfe von Wurzelausscheidungen den Spalt allmählich zu erweitern.

VORKOMMEN in den Alpen in Silikatgebieten ziemlich häufig; außerdem in den übrigen süd- und mitteleuropäischen Gebirgen; in 2000–4200 m Höhe; vorzugsweise auf leicht feuchtem, kalkarmem Untergrund; in Felsspalten, auf ruhendem Feinschutt und Moränen, in lückigen alpinen Rasen

MERKMALE 2–10 cm hohe Polsterstaude mit einem dichten Polster aus Blattrosetten und einblütigen Stängeln; Blätter nur 3–6 mm lang und 1 mm breit, mit stacheliger Spitze und Wimpernrand; Blüten bis 12 mm im Durchmesser, Kronblätter weiß mit gelber Zeichnung; Früchte kleine, vielsamige Kapseln

VERWENDUNG Der Moos-Steinbrech gehört zu den wichtigsten und beliebtesten Steingartenpflanzen und wird in vielerlei gärtnerischen Sorten und Hybridformen angeboten.

ÄHNLICHE ART Der Blaugrüne Steinbrech (*Saxifraga caesia*) bildet zwar ähnliche, dichte Blattpolster, wächst aber auf kalkhaltigem Untergrund. Seine Rosettenblättchen sind vorne stumpf und am Rand nach unten gebogen, außerdem oft von Kalkausscheidungen überzogen.

Der Blaugrüne Steinbrech gehört häufig zu den ersten Pflanzen, die zur Ruhe gekommenen Kalkschutt besiedeln.

Immergrüne Bärentraube (§)

Arctostaphylos uva-ursi

Sich ducken heißt die Devise, wenn über die hochalpinen Heiden der Sturmwind peitscht. Genau das tun die Bärentrauben-Sträucher, um die Angriffe der Bergstürme zu überstehen: Sie legen ihre Zweige flach dem Boden an. So klein sie auch sind, sie sind doch echte Gehölze, die nur unendlich langsam wachsen. Ein wissenschaftlich vermessener, 58-jähriger Bärentraubenstrauch zum Beispiel hatte an seiner Basis ein Stämmchen von gerade mal 6,5 Millimetern Durchmesser, seine Jahresringe brachten es auf rund 0,1 Millimeter Dicke.

Die weißen, nickenden Blüten der Immergrünen Bärentraube haben einen adretten rosa Saum (oben). Die Alpen-Bärentraube taucht im Herbst die Hänge in sattes Rot (unten).

VORKOMMEN in den Alpen bis in über 2700 m Höhe; auch in den übrigen Gebirgen sowie den arktischen Regionen Europas, Asiens und Nordamerikas weit verbreitet; vorwiegend auf kalkarmen Böden; in lichten Nadelwäldern, sonnigen Zwergstrauchheiden, an felsigen Hängen und auf Schutthalden

MERKMALE kriechender Spalierstrauch mit bis zu 1 m langen, reich verzweigten Ästen, erreicht aber oft nur 10 cm Wuchshöhe; Blätter derb, verkehrt-eiförmig, bis 3 cm lang, am Rand bewimpert; Blüten krugförmig, weißlich, am gezipfelten Saum rosa, zu 3–10 in einer nickenden Traube; Frucht eine rote, mehlige Steinfrucht

ÄHNLICHE ART Die seltenere Alpen-Bärentraube (*Arctostaphylos alpinus*) wirft im Winter ihre Blätter ab, die sich zuvor leuchtend rot verfärben. Man findet sie vor allem in schattigen, lange schneebedeckten Zwergstrauchheiden und Krummholzbeständen.

BLÜTEZEIT

J	F	M	A	M	J	J	A	S	O	N	D

Typisch

Die oberseits glänzend dunkelgrünen Blätter haben einen unverdickten Rand und eine glatte Unterseite, zwei Merkmale, die sie von der ähnlichen Preiselbeere unterscheiden.

Kriechendes Gipskraut

Gypsophila repens

»Schuttdecker« nennen die Ökologen Pflanzen wie das Kriechende Gipskraut, die sich wie eine grüne Decke über losen Gesteinsschutt legen und diesen dadurch befestigen. Eine tiefreichende, verzweigte Wurzel gibt dem Gipskraut sicheren Halt. Die aus ihr entspringenden Triebe sind zunächst noch beblättert. Mit zunehmendem Längenwachstum verlieren sie aber ihre Blätter, bewurzeln sich und werden so zu einem liegenden Wurzelstock. Von diesem treiben zahlreiche aufrechte und beblätterte Zweige aus und bilden einen dichten Rasen.

VORKOMMEN in den nördlichen und südlichen Kalkalpen häufig; vereinzelt auch in anderen höheren Gebirgen Europas, von den Pyrenäen bis zu den Karpaten; hauptsächlich in 1300–3000 m Höhe; auf Kalkgestein, aber auch auf dem aus Kalziumsulfat bestehenden

Gelegentlich schmückt sich das Gipskraut statt mit weißen auch mit rosa Blüten.

Gipsgestein (Pflanzenname!); auf Felsen, Geröll, Moränen und Felsschutt, auf Flussschotter auch weit talwärts

MERKMALE 10–25 cm hoher, rasenbildender Halbstrauch; Blätter linealisch schmal, bis 3 cm lang, leicht fleischig, gegenständig am Stängel sitzend; Blüten bis 1 cm breit, in einer lockeren Rispe, Blütenblätter weiß bis rosa, vorn abgerundet oder leicht ausgerandet; Frucht eine rundliche Kapsel

VERWENDUNG Unter Gartenfreunden ist die Pflanze auch als »Teppich-Schleierkraut« bekannt und als Zierpflanze für den Steingarten oder für sonnige Rabatten beliebt.

BLÜTEZEIT

J	F	M	A	M	J	J	A	S	O	N	D

Typisch

Blätter und Stängel sind leicht weißlich bereift, was sie insgesamt blaugrün erscheinen lässt. Die aufrechten Stängel verzweigen sich nur im Bereich der Blütenstände, und zwar stets gabelig.

Breitblättriges Hornkraut

Cerastium latifolium

Es sind solch kleine, zarte Gewächse wie diese, die ganze Berghänge in ihrer Form erhalten können. Sie machen sich mit ihrem Blätterkissen auf Schotter und Geröll breit. Darüber oder gleich mitten hindurch schieben sich die langen, bewurzelten »Wandertriebe« dieses Hornkrauts und leisten so einen wichtigen Beitrag zur Verfestigung der alpinen Geröllhalden. Von diesen Grundachsen gehen kurze, unbewurzelte Schopftriebe nach oben. Was das Breitblättrige Hornkraut auf Kalkgestein leistet, übernimmt das Einblütige Hornkraut auf Silikatgestein. Ein solches Artenpaar, das sich gegenseitig vertritt, nennt man vikariierende Arten.

Das Breitblättrige Hornkraut bildet ebenso wie das Einblütige Hornkraut auf Geröllhalden und Schotterhängen dichte, vieltriebige Rasen mit zahllosen Blütensternen.

VORKOMMEN in den Westalpen, etwa bis Tirol; in 1700–3500 m Höhe; ausschließlich auf kalkhaltigem Untergrund; auf steinigen Böden, Schutthalden und Geröll, in Felsspalten; ziemlich häufig

MERKMALE 5–10 cm hohe Staude, die ein lockeres Rasenpolster bildet; Blätter zugespitzt eiförmig, bis 3,5 cm lang, gegenständig am Stängel sitzend; Blüten an aufrechten Stielen, weiß, mit 5 Kronblättern, die am Rand herzförmig eingeschnitten sind; Frucht eine längliche Kapsel, die sich oben mit 10 Zähnen öffnet

ÄHNLICHE ART Das Einblütige Hornkraut (*Cerastium uniflorum*) stellt auf Silikatböden das Pendant zur breitblättrigen Schwesterart dar. Es wächst auf Silikatböden und ist vor allem von Savoyen aus in Richtung Osten zu finden.

BLÜTEZEIT

J	F	M	A	M	J	J	A	S	O	N	D

Typisch

Die sterilen Stängel des Breitblättrigen Hornkrauts sind zwar dicht, aber nicht rosettig beblättert. Das Einblütige Hornkraut hingegen trägt an seinen sterilen Sprossen Blattrosetten.

Frühlingskrokus (§)

Crocus vernus ssp. albiflorus

Wo der Schnee sich gerade zurückgezogen hat, schieben sich oftmals Hunderte von weißen bis violetten Blütentrichtern aus dem Wiesenhang. Die Nässe des Schmelzwassers ist dem Frühlingskrokus gerade recht, er mag es feucht. Ist die Blütenpracht dahingewelkt, bildet sich über jeder der tief im Boden sitzenden Knollen eine neue. Auf diese Weise allerdings kämen nach einigen Jahren die neuen Knollen in die Nähe der Erdoberfläche und damit in den Bereich des strengen Bodenfrosts – wenn die Pflanze nicht vorbeugen würde. Aus der jungen Knolle wachsen kräftige Wurzeln aus und verankern sich im Boden. Sobald die alte Knolle verrottet ist, ziehen sie sich zusammen und bringen damit die neue Knolle ungefähr auf die Tiefe der alten.

VORKOMMEN in den Alpen weit verbreitet und häufig; in 600–2700 m Höhe; auch in den Pyrenäen, im Jura und Elsass sowie auf der Balkanhalbinsel; auf frischen bis feuchten, nährstoffreichen Wiesen und Weiden

BLÜTEZEIT

J F M A M J J A S O N D

MERKMALE bis 15 cm hohe Knollenpflanze; Blätter grasartig schmal mit weißem Mittelnerv; Blüten einzeln oder zu zweit, wachsen direkt aus dem Erdboden, Blütenblätter überwiegend weiß, aber auch hellviolett oder weiß mit violetten Längsstreifen, im Boden zu einer langen, engen Röhre verwachsen, über dem Boden auf den oberen 3–5 cm frei, einen Trichter bildend, 3 dottergelbe Staubblätter, 3 kürzere, orangegelbe Narben; Frucht eine dreiklappige Kapsel

Ein kleiner Frühlingsbote auf vielen Bergwiesen!

VERWENDUNG In die zahllosen Hybridarten und -sorten der Gartenkrokusse flossen südeuropäische, großblütige Sippen des Frühlingskrokus ein. Die heute geschützte Wildart des Frühlingskrokus selbst ist hingegen in Gärten nur selten zu finden.

ÄHNLICHE ART Auch die ähnliche, aber überaus giftige Herbstzeitlose (*Colchicum autumnale*) kommt auf feuchten Wiesen und Weiden vor. Allerdings blüht sie im Herbst, hat nicht 3, sondern 6 Staubblätter und ihre Laubblätter sind zur Blütezeit noch nicht entwickelt.

Typisch

Nicht nur über Nacht schließen sich die Blütentrichter, sondern oftmals schon bei vorüberziehenden Wolken. Sie reagieren erwiesenermaßen schon auf Temperaturschwankungen von nur 0,2 Grad.

Weißer Germer †

Veratrum album ssp. album

Wie Kerzen stehen sie auf so mancher Almweide, die Blütenstände des Weißen Germers. Den Bergbauern und Sennern gelten sie als Unkraut, das nicht nur lästig, sondern auch gefährlich ist. Zwar meiden erfahrene Weiderinder die Giftpflanze für gewöhnlich. Doch passiert es immer wieder, dass Kälber, aber auch Schafe und Ziegen durch das Fressen von Germer zu Tode kommen.

VORKOMMEN im ganzen Alpenraum; außerdem im Apennin und in osteuropäischen Gebirgen; von 700 bis in 2700 m Höhe; auf feuchten Wiesen, Almen, Waldlichtungen, in Hochstaudenfluren und Flachmooren; häufig

Die sechs weißen Blütenblätter tragen eine feine, grüne Äderung.

MERKMALE 50–150 cm hohe, straff aufrecht wachsende Staude mit starkem, beblättertem Stängel; große, längliche Blätter, die in Längsrichtung von kräftigen Adern durchzogen und gefurcht sind; am Ende des Stängels zahlreiche weißliche bis gelbliche Blüten in einer dicht gedrängten Rispe; Einzelblüte mit 6 grün gestreiften Blütenblättern; Frucht eine derbe Kapsel

ACHTUNG! Der Weiße Germer ist in allen Pflanzenteilen extrem giftig. Bereits der Verzehr geringer Mengen führt zu schwersten Vergiftungen und ohne ärztliche Hilfe oft zum Tod. Vor allem die Wurzel enthält große Mengen Giftstoffe. 1 g der Wurzel genügt, um einen Menschen zu töten!

VERWENDUNG Weil der Weiße Germer auch für Insekten giftig ist, wurde er früher zur Läusebekämpfung eingesetzt, weshalb er vielerorts heute noch als Lauskraut oder Lauswurz bezeichnet wird.

ÄHNLICHE ART An denselben Standorten kommt auch eine sehr ähnliche Unterart, der – ebenso giftige – Gewöhnliche Germer (*Veratrum album* ssp. *lobelianum*) vor. Seine Blüten sind gelblich grün gefärbt mit dunkelgrüner Äderung.

BLÜTEZEIT

J	F	M	A	M	J	J	A	S	O	N	D

Typisch

Die länglichen Blätter sind schraubig um den Stängel angeordnet. Daran kann man den Weißen Germer auch außerhalb der Blütezeit vom Gelben Enzian (siehe Seite 226/227) unterscheiden, dessen Blätter kreuzweise gegenständig stehen.

Allermannsharnisch (§)

Allium victorialis

Der Allermannsharnisch, auch Siegwurz genannt, galt früher als eine machtvolle Zauberpflanze. Der Grund liegt in seiner Zwiebel, die von netzfaserigen Hüllen umgeben ist. Man sah darin eine Ähnlichkeit mit Kettenhemden und betrachtete diese Zwiebeln folglich als Amulett gegen Verwundungen, also als »Harnisch für jedermann«. Später wurde die angebliche Kraft der als »Alraune« bezeichneten – und teuer gehandelten – langgestreckten Zwiebel noch erweitert: Sie sollte ihrem Träger Schutz vor jedwedem Unheil gewähren. Heute noch kann man in der Wiener Hofbibliothek die konservierte Allermannsharnisch-Alraune von Kaiser Rudolf II. (1552–1612) sehen.

VORKOMMEN in den gesamten Alpen; von rund 1000 bis fast 3000 m Höhe; örtlich häufig, andernorts selten; vorzugsweise auf Kalk; auch in anderen Gebirgen Eurasiens und Nordamerikas; auf Bergwiesen und grasigen, felsigen Hängen, in Hochstaudenfluren, gern auf feuchten Böden

MERKMALE 30–60 cm hohe Zwiebelpflanze mit kräftigem Stängel, an dessen Basis einige breitlanzettliche, bis zu 20 cm lange Blätter sitzen; kugeliger Blütenstand mit bis zu 40 cremeweißen Blüten, die sich jeweils zu einem sechsstrahligen Stern öffnen; Frucht eine sechssamige Kapsel

VERWENDUNG Von den Kräuterkundigen der Alpen wurde der Berg-Knoblauch, ein weiterer Name des Allermannsharnischs, im Frühjahr gesammelt und zur »Blutreinigungskur« eingesetzt, wenngleich er einen ebenso schlechten Atem verleiht wie echter Knoblauch. Eine medizinische Wirkung ist wissenschaftlich allerdings nicht nachgewiesen.

Typisch

Während ihrer Blüte ist die Pflanze unverkennbar. Außerhalb der Blütezeit verrät sie der Lauchgeruch ihrer Blätter, wenn man diese zwischen den Fingern reibt.

BLÜTEZEIT

J	F	M	A	M	**J**	**J**	**A**	S	O	N	D

Silberwurz (§)

Dryas octopetala

Kaum zu glauben, dass der grüne Teppich aus glänzenden Blättchen, über dem die hübschen Blütenbecher im Wind zittern, ein richtiger Strauch sein soll! Doch tatsächlich entspringen die Blätter und Blüten der Silberwurz langen, verholzten Zweigen, die lediglich nicht nach oben ragen, wie wir es von Sträuchern gewohnt sind, sondern sich flach dem Boden anschmiegen. Solch ein Silberwurz-Strauch kann eine große Fläche überziehen und über 100 Jahre alt werden. Aufgrund der kurzen Vegetationsperiode und der harten Wachstumsbedingungen im Gebirge messen die Jahresringe in seinem Holz oft nur 0,1 Millimeter.

Der Fruchtstand trägt einen weißen »Haarschopf« aus fedrigen Griffeln.

Die Blüten wenden sich wie kleine Parabolspiegel stets der Sonne zu.

VORKOMMEN in den Alpen von 1200 bis 2500 m Höhe; vor allem auf Kalkgestein; auch in den übrigen Gebirgen Mittel- und Südeuropas, aber auch in arktischen Gebieten Europas, Asiens und Nordamerikas, Charakterpflanze der Tundra, Nationalpflanze Islands

MERKMALE 5–15 cm hoher, immergrüner Spalierstrauch; lange, verholzte Triebe, die am Boden aufliegen; Blätter oval, am Rand gekerbt, oberseits kahl und glänzend, unterseits weißfilzig behaart; Blüten einzeln auf aufrechten Stielen, 2–4 cm breit, meist 8 weiße Kronblätter und in der Mitte zahlreiche Griffel und sonnengelbe Staubblätter; Früchte mit langem, silberweißen, fedrigen Flugfortsatz

VERWENDUNG Gartenfreunde schätzen die Silberwurz als robuste Steingartenpflanze, wobei im Handel jedoch meist Hybridformen der verwandten nordamerikanischen Gelben Silberwurz (*Dryas drummondii*) angeboten werden.

BLÜTEZEIT

J	F	M	A	M	J	J	A	S	O	N	D

Typisch

Die ovalen, oberseits glänzend dunkelgrünen Blätter fühlen sich ledrig derb an und sind auf der Unterseite weißfilzig behaart, was der Pflanze ihren Namen verlieh.

Meisterwurz †

Peucedanum ostruthium

»Meister aller Wurzen« nannte Paracelsus, der berühmte Arzt des 16. Jahrhunderts, die stattliche Pflanze. Für ihn war sie die *Heilpflanze schlechthin. Aus ihrem Wurzelstock wurden Pülverchen und Pillen, Salben und Tees gefertigt, die gegen nahezu alle Beschwerden helfen sollten, von Zahnweh bis zu Delirium tremens, von Epilepsie bis zu Wassersucht. Auch zur Bekämpfung von Hexen und bösen Geistern setzte man in den Alpenländern die Meisterwurz ein. Es mag an dieser der Pflanze zugeschriebenen Allmacht liegen, oder auch an ihrer großen, aufrechten, unübersehbaren Gestalt, dass sie vielfach auch Kaiserwurz genannt wird.*

VORKOMMEN in den Alpen und Voralpen häufig; auf Kalk- und Silikatgestein; von 700 bis in 2700 m Höhe; in den Mittelgebirgen eher selten, außerdem in den Pyrenäen; auf feuchten Bergwiesen, in Hochstaudenfluren und Gebüschen, an Bachufern

Wo die oberen Blätter und die seitlichen Blütenstände dem Stängel ansitzen, fallen große, oft blasig aufgetriebene Blattscheiden ins Auge.

MERKMALE 40–100 cm hohe Staude; Stängel aufrecht, gerippt, hohl; Grundblätter bis zu 30 cm groß, gestielt, mit drei Teilblättern, die ihrerseits nochmals dreigeteilt sind, Stängelblätter einfach dreigeteilt, auf blasig aufgetriebenen Blattscheiden sitzend; große, flache, vielstrahlige Blütendolden, weiß oder schwach rosa; gelbbraune, längliche Früchte mit breiten Seitenflügeln, Fruchtstände bleiben oft den Winter über stehen

ACHTUNG! In Verbindung mit Sonnenlicht kann der Saft der Meisterwurz zu brennenden Hautreizungen führen.

VERWENDUNG In der Volksmedizin ist die Meisterwurz noch heute eine viel verwendete Heilpflanze. Tatsächlich konnte 2003 für einige Inhaltsstoffe ihres Wurzelstocks eine antibakterielle Wirkung wissenschaftlich nachgewiesen werden. In den Alpenländern wird auch Schnaps aus der Wurzel gebrannt.

ÄHNLICHE ART Der verwandte Berg-Bärenklau (*Heracleum sphondylium* ssp. *elegans*) erreicht 1,50 m Wuchshöhe. Seine Grundblätter sind nicht bis zur Mittelrippe geteilt, sondern nur drei- bis siebenteilig gelappt.

BLÜTEZEIT

J	F	M	A	M	J	J	A	S	O	N	D

Typisch

Vor allem an sonnigen, warmen Tagen verströmt die Pflanze einen angenehm würzigen Geruch nach Sellerie und Karotten.

Berg-Laserkraut

Laserpitium siler

Bergkümmel wird diese zu stattlicher Größe heranwachsende Staude auch oft genannt. Diese Bezeichnung stammt aus einer Zeit, in der man ihre nach Kümmel riechenden Samen vielfach zu nutzen wusste. Man setzte sie als Gewürz ein, bereitete einen Kräuterlikör daraus und bekämpfte Verdauungsbeschwerden und Blähungen damit. Weil sie allerdings erheblich schärfer und bitterer schmecken als Kümmel und weil das Laserkraut außerdem vielerorts selten geworden ist, wird es heute kaum mehr verwendet.

Die mehrfach gefiederten Blätter des ähnlichen Rauhaar-Laserkrauts sind in unzählige kleine, höchstens einen Millimeter breite Zipfel zergliedert.

VORKOMMEN in den Kalkalpen; meist in 1000–2000 m Höhe; in den Gebirgen Mittel- und Südeuropas, wie dem Jura und Alpenvorland; auf kalkreichen, steinigen Böden; an trockenen, sonnigen Hängen, Wald- und Gebüschrändern, auf Trockenrasen; zerstreut

MERKMALE 30–150 cm hohe Staude; Stängel fein gerillt, in der oberen Hälfte verzweigt; Blätter blaugrün, drei- bis vierfach fiederteilig, Fiederblättchen lanzettlich; Blüten weiß, in halbkugeligen Dolden, die ihrerseits aus 20–40 kleinen Döldchen bestehen; Früchte trockene, kleine Spaltfrüchte mit breit geflügelten Rippen

VERWENDUNG Früher diente das Berg-Laserkraut häufig als Gewürz- und Heilpflanze, denn seine Früchtchen enthalten ähnliche ätherische Öle wie Kümmel.

ÄHNLICHE ART In den Westalpen ist das Rauhaar- oder Hallers Laserkraut (*Laserpitium halleri*) anzutreffen, dessen Blüten ähnlich, dessen Blätter aber viel feiner zergliedert sind.

BLÜTEZEIT

J	F	M	A	M	J	J	A	S	O	N	D

Typisch

In ihrem Umriss sind die Blätter des Berg-Laserkrauts annähernd dreieckig. Die großen Grundblätter können die stattliche Größe von bis zu 1 m Länge erreichen.

Steinraute (§)

Achillea clavenae

Almwermut wird die Steinraute auch oft genannt, ein Hinweis darauf, dass sie nicht nur aromatisch duftet, sondern auch Bitterstoffe enthält, die ihr einen wermutähnlich bitteren Geschmack verleihen. Bittere Schafgarbe ist daher ein weiterer und botanisch völlig korrekter Name für das kleine, aber widerstandskräftige Gewächs. Wer hingegen Weißer Speik zu ihr sagt, ist wenig präzise, denn im Alpenraum wird so ziemlich jede stark und würzig duftende Pflanze als Speik bezeichnet.

VORKOMMEN in den Ostalpen, und zwar in den nördlichen und südlichen Kalkketten häufig, in den Zentralalpen eher selten; außerdem im nördlichen Balkan; meist in 1500–2500 m Höhe; auf Kalkböden; auf sonnigen, steinigen Rasen, Schutthalden, Felsbändern und Graten, in Felsspalten

Die Blätter sind wie der Stängel weiß und seidig behaart. Zerreibt man sie zwischen den Fingern, verströmen sie einen würzig aromatischen Duft.

MERKMALE 5–25 cm hohe, immergrüne Staude mit aufrechtem Stängel; Blätter wechselständig, verkehrt eiförmig, fast bis zur Mittelrippe eingebuchtet, weiß behaart; Blüten in kleinen Blütenkörbchen, am Rand 5–8 weiße, breite Zungenblüten, in der Mitte schmutzigweiße Röhrenblüten, Blütenkörbchen zu mehreren zu einem doldenartigen Blütenstand zusammengefasst; Früchtchen nur 2 mm lang, ohne Flughaare

VERWENDUNG Einst galt die Steinraute als machtvolle Zauberpflanze. Die Bergbewohner räucherten mit dem aromatischen Kraut ihre Ställe und Almhütten aus, um diese vor Hexen und bösen Geistern zu schützen. Aus demselben Grund ist in manchen Alpengegenden die Steinraute Teil des Viehschmucks beim Almabtrieb. Die Volksmedizin setzte sie früher als Heilkraut bei Magen- und Darmbeschwerden und zur besseren Wundheilung ein.

Typisch

Betrachtet man die Blütenkörbchen von unten, fallen die dachziegelartig übereinanderliegenden Hüllblätter auf, deren Konturen durch einen schwärzlichen Rand hervorgehoben werden.

BLÜTEZEIT

J	F	M	A	M	J	J	A	S	O	N	D

Alpen-Pestwurz

Petasites paradoxus

Im Frühjahr, kaum dass die Schneeschmelze vorüber ist und sich die Bergbäche wieder in die Mitte ihres Bettes zurückziehen, sprießen aus dem Ufergeröll die weißen Schöpfe der Alpen-Pestwurz. Sie hat ein Faible für lockeren Untergrund und macht sich oft auch als eine der ersten Pflanzen auf beweglichem Felsschutt breit. Als ein sogenannter Schuttüberkriecher legt sie ihre langen Triebe über den Schutt, schickt aber zugleich ihre stark verzweigten Wurzeln in die Tiefe. Damit trägt sie viel zur Befestigung der Hänge bei.

VORKOMMEN in den Kalkgebieten der Alpen; zudem von den Pyrenäen bis zum Balkan; von Tallagen bis in 2700 m Höhe; an steinigen Hängen, auf Felsschutt und Geröll von Wildbächen, manchmal in lichten Bergwäldern; zerstreut, aber an ihren Standorten oft in sehr großer Zahl

MERKMALE zur Blütezeit 10–30 cm hohe Staude, zur Fruchtzeit bis 60 cm hoch; mit dickem, aufrechtem, rot überlaufenem Stängel;

Die winzigen, weißen Einzelblütchen stecken in rötlichen Hüllen, sodass der Blütenstand insgesamt rosa wirkt.

zunächst nur schuppenförmige, rotbraune bis violette Stängelblätter, nach der Blüte auch große, gestielte, herzförmige Grundblätter, die unterseits weißfilzig behaart sind; Blütenstand eine dichte Traube aus Blütenköpfen, die sich aus weißlichen Einzelblüten zusammensetzen und jeweils von einer rötlichen Hülle umgeben sind; Früchtchen mit langem, weißem Haarschopf (Bild oben)

VERWENDUNG Wie auch die übrigen Pestwurz-Arten enthält die Alpen-Pestwurz krampflösende und schmerzlindernde Substanzen. Das wusste man schon in der Antike und setzte sie gegen Kopfschmerzen und Krämpfe ein, ebenso wie es in der heutigen Pflanzenmedizin geschieht. Der mittelalterliche Glaube, man könne mit der Pflanze die Pest austreiben, war allerdings vergebliches Hoffen. Der Name jedoch hielt sich bis heute.

ÄHNLICHE ART Im Alpenvorland und in Schluchtwäldern der Alpen, ebenso in den Mittelgebirgen wächst auch die Weiße Pestwurz (*Petasites albus*), deren Stängel nicht rot überlaufen, sondern weißfilzig behaart ist. Auch sind ihre Stängelblätter nicht rot, sondern bleichgrün.

Typisch

Erst gegen Ende der Blütezeit entwickeln sich die großen, rundlichen Grundblätter.

Alpen-Kratzdistel

Cirsium spinosissimum

Noch stacheliger geht es nicht! Die Kratzigste aller Kratzdisteln lässt auch bei einem Botanik-Laien keine Zweifel aufkommen, dass es sich um eine Distel handeln muss. Doch bei aller Kratzbürstigkeit – eine gewisse Ästhetik kann man der Staude nicht absprechen. So dienten ihre ornamentalen Blätter bereits im Mittelalter als Vorlage für Brokatstickereien und andere Dekore. Der Bergbauer hingegen bekämpft sie auf den Almweiden als Unkraut. Schließlich will das Vieh sie – verständlicherweise – nicht fressen. Nur die Ziegen knabbern vorsichtig die noch jungen Blütenköpfe ab.

Blickt man von oben auf den Blütenstand, wird die ornamentale Schönheit dieser Distel besonders deutlich.

VORKOMMEN ausschließlich in den Alpen; in 1200–3000 m Höhe; auf stickstoffreichen, steinigen, aber feuchten Böden; auf Almweiden, in Hochstaudenfluren, auf lückigen Matten; häufig und meist truppweise, in Richtung Osten seltener werdend

MERKMALE 30–70 cm hohe Staude mit dicken, geraden Stängeln; Blätter steif, bis 30 cm lang, stark fiederteilig zergliedert, am Rand von einer Unzahl langer, harter Stacheln besetzt; Blüten hellgelb, in Körbchen zusammengefasst, die zu mehreren am Ende des Stängels sitzen; Gesamtblütenstand umgeben von einer dichten Manschette bleichgrüner, steifer, fiederteiliger Hochblätter, deren weißliche Spitzen empfindlich stechen; Früchtchen mit bräunlichem, fedrigem Haarkranz

VERWENDUNG Die dicken Wurzeln lassen sich gekocht als Gemüse essen, und die ganz jungen Triebe werden auch heute noch gelegentlich zu Spinat oder in Frühlingskräutersuppen verkocht. In einigen Alpentälern der Schweiz kocht man die im Grunde sehr nahrhaften Pflanzen weich und setzt sie als Schweinefutter ein.

BLÜTEZEIT

J	F	M	A	M	J	J	A	S	O	N	D

Typisch

Ein breiter »Kragen« aus weißlichen Blütenhüllblättern mit langgezogenen Stachelspitzen umgibt die Blütenköpfe und sorgt dafür, dass die Alpen-Kratzdistel, auch Stachelige Kratzdistel genannt, schon von weitem auffällt.

Silberdistel (§)

Carlina acaulis

Wenn Sie auf einer Bergwanderung auf geschlossene Silberdisteln stoßen, tun Sie gut daran, nicht mehr lange weiterzugehen. Zumindest nicht ohne Regenkleidung im Rucksack. Die vielfach auch Wetterdisteln genannten Pflanzen reagieren nämlich sehr empfindlich auf eine Erhöhung der Luftfeuchtigkeit, wie sie einem heranziehenden Regengebiet vorausgeht. Verantwortlich sind dafür die silberweißen Strahlen des Blütenstands: Das Gewebe ihrer Unterseiten nimmt leichter Feuchtigkeit auf und dehnt sich dabei stärker aus als das Gewebe auf der Oberseite. Das hat zur Folge, dass sich die Blätter nach oben krümmen. Der Vorgang ist reversibel, bei trockener Luft breitet sich der Strahlenkranz wieder aus. Früher nagelten die Bergbauern die »Barometerdisteln« neben die Haustür oder an die Stallwand, um sich von ihnen zuverlässig das Wetter vorhersagen zu lassen.

Noch als vertrocknetes Überbleibsel vom Vorjahr wirkt die Silberdistel ausgesprochen dekorativ.

VORKOMMEN in den Hoch- und Mittelgebirgen ganz Europas, im Osten bis zur Ukraine; von Tallagen bis in 2800 m Höhe; auf Halbtrockenrasen, mageren Viehweiden, an Wegrändern und trockenen Gebüsch- und Waldrändern; verbreitet, regional häufig und örtlich recht gesellig

MERKMALE 5–30 cm hohe, meist einblütige Staude; Stängel derb, meist nur sehr kurz; Blätter in einer Rosette stehend, langgestreckt, am Rand stachelig gezähnt, bis fast zum Mittelnerv eingebuchtet; Blüten in einem breiten, körbchenförmigen Blütenstand, zahlreiche weißliche bis rötliche Röhrenblüten, umgeben von einem Kranz derber, silberweißer Hüllblätter; Früchtchen mit hellbraunen Flughaaren

VERWENDUNG Die attraktiven Blütenstände von in Kultur gezogenen Silberdisteln werden gerne für Trockensträuße geschnitten, denn sie behalten jahrelang ihre Form und Farbe. Früher aßen die Bergbewohner den fleischigen Blütenboden gekocht, ähnlich wie Artischocken. In manchen Gegenden nennt man die Pflanze daher heute noch Jagerbrot, Wiesenkas oder Alpenkas. In der Volksheilkunde wurden die Wurzeln als harntreibendes Mittel eingesetzt, was den Volksnamen Wasserwurz erklärt. Außerdem ist das aus der Wurzel gewonnene ätherische Öl nachweislich antibiotisch wirksam.

BLÜTEZEIT

J	F	M	A	M	J	J	A	S	O	N	D

Typisch

Bei manchen »stängellosen«, also flach am Boden bleibenden Exemplaren ordnen sich die Laubblätter zu einem den Blütenstand umgebenden ornamentalen Blattkranz an.

Edelweiß (§)

Leontopodium nivale ssp. alpinum

Es ist das Wahrzeichen der Alpen schlechthin, das Symbol der Gebirgsjäger und Alpenvereine, tausendfach auf Lederhosenträger gestickt. Dabei ist es ursprünglich gar keine einheimische Pflanze, auch keine Felspflanze, sondern ein Steppenbewohner. Erst nach der letzten Eiszeit kam das Edelweiß aus den Steppen Zentralasiens zu uns. In den Weiten der Mongolei wächst es noch heute mancherorts so zahlreich wie hierzulande das Gänseblümchen.

Typisch

Die charakteristischen Blüten mit den weißwolligen Hochblättern machen das Edelweiß schlechthin unverwechselbar.

Die dichte, wollige Behaarung schützt das Edelweiß sowohl vor extremer Sonneneinstrahlung und zu starker Verdunstung als auch vor den oft enormen Temperatursprüngen im Hochgebirge.

VORKOMMEN in den Kalkalpen oberhalb der Baumgrenze bis über 3000 m Höhe; auch in den Pyrenäen, Abruzzen, Karpaten und auf dem Balkan; auf sonnigen, steinigen Rasen, auf ausgesetztem Fels mit wenig Erdreich; sehr selten

MERKMALE 5–15 cm hohe Zwergstaude; Stängel aufrecht, ebenso wie die Blätter weißwollig behaart; Blätter schmal lanzettlich, wechselständig am Stängel sitzend; am Stängelende ein dicht gedrängter, flacher Blütenstand aus mehreren gelblichen Körbchenblüten, umgeben von einem Strahlenkranz schmaler, dicht weißwollig behaarter Hochblätter

ACHTUNG! Da seine Blüten lange Zeit von Bergsteigern als Trophäen gesammelt wurden, wurde das Edelweiß in weiten Regionen ausgerottet. Es gilt heute als die am stärksten gefährdete Blume im Alpenraum.

VERWENDUNG In der Volksheilkunde wurde das Edelweiß früher gegen Leibschmerzen und zur »Blutverdünnung« eingesetzt. Neue Forschungen an der Universität Innsbruck haben ergeben, dass aus der Wurzel isolierte Inhaltsstoffe gegen erhöhte Blutfettwerte und Arteriosklerose wirken. Sie werden dort zur Nachsorge von Bypass-Operationen eingesetzt, und eine damit vorgenommene Beschichtung von Gefäß-Implantaten wurde zum Patent angemeldet. Selbstverständlich werden diese Extrakte heute nicht mehr aus Wildpflanzen gewonnen, sondern aus Züchtungen.

BLÜTEZEIT

J	F	M	A	M	J	J	A	S	O	N	D

(markiert: J A)

Alpen-Fettkraut (§)

Pinguicula alpina

Es ist ausgesprochen gefährlich, dem Fettkraut nahezukommen. Zumindest, wenn man ein kleines Insekt ist. Seine klebrigen Rosetten-Blätter stellen eine tödliche Falle dar. Sobald ihr kleine Fliegen oder Käfer »auf den Leim gehen«, rollen sich die Blätter durch den Berührungsreiz ein und sondern ein Eiweiß verdauendes Sekret ab, das die Opfer auflöst und nur ihre leeren Chitinpanzer zurücklässt. Auf diese Weise gelangt die Pflanze an den zum Wachstum benötigten Stickstoff, der im kargen Boden ihres Wuchsorts nicht ausreichend vorhanden ist.

VORKOMMEN im Alpenvorland und den nördlichen und südlichen Randalpen zerstreut, örtlich häufig, in den Zentralalpen seltener; von Tallagen bis in 2700 m, in seltenen Fällen sogar bis in 4000 m

Das leuchtend gelbe Saftmal auf der Unterlippe der Blüte weist den bestäubenden Insekten den Weg ins Innere.

Höhe; auch in den Pyrenäen sowie von Nordeuropa bis Sibirien; vorzugsweise auf Kalkböden; auf feuchten oder sogar überrieselten, steinigen Rasen, in Quellfluren und Flachmooren, im Hochgebirge auch an sonnig-trockenen Stellen

MERKMALE 5–15 cm hohe Staude mit einblütigen, blattlosen Stängeln; Blätter in einer grundständigen Rosette, fleischig, hellgrün, schmaloval mit hochgerolltem Rand; aus der Rosette bis zu 8 Blütenstängel; Blüten weiß mit gelbem Farbmal, die dreilappige Unterlippe nach hinten in einen dicken Sporn verlängert; spitz ovale Kapselfrüchte mit staubfeinen Samen

VERWENDUNG In der Heilkunde wurde das heute geschützte Fettkraut früher zur Wundbehandlung eingesetzt sowie gegen Geschwülste, Magenleiden und Husten. Seine Wirksamkeit wird auf die in den Blättern enthaltene Zimtsäure zurückgeführt, die eine antimikrobielle Wirkung hat.

BLÜTEZEIT

J	F	M	A	M	J	J	A	S	O	N	D

Typisch

Die Blätter glänzen auf ihrer Oberseite fettig und fühlen sich deutlich klebrig an. Meist hängen die Reste kleiner Insekten daran.

Blütenfarbe Blau und Blauviolett

Felsen-Ehrenpreis †

Veronica fruticans

Warum die blauen Blümchen im Volksmund »Männertreu« genannt werden, lässt sich nachvollziehen, wenn man sieht, wie leicht die Blüten abfallen, wenn man die Blume gepflückt hat. Warum aber Ehrenpreis? Nach einer alten Geschichte soll die kräuterkundige Tochter eines französischen Arztes mithilfe dieser Pflanzen den französischen König von bösen Geschwüren geheilt haben. Zum Dank dafür erhielt sie den »Ehrenpreis«, nämlich die Hand des Königs. Die formenreiche Gattung, die in der gesamten Welt vertreten ist, umfasst eine ganze Reihe Arten, die sich an ein Leben im Hochgebirge angepasst haben.

VORKOMMEN in den Alpen und den übrigen Gebirgen Mittel- und Südeuropas; in 1200–2400 m Höhe; auch in der europäischen Arktis und auf Grönland; auf Kalk- und Silikatböden; auf steinigen Hängen, Rasen und alpinen Weiden, in Felsspalten; in den Alpen häufig

Der Blattlose Ehrenpreis ist der kleinste unter den Ehrenpreisen. Nur rund fünf Zentimeter stemmt der dünne Stiel des Winzlings die Blüten empor.

MERKMALE 5–20 cm hohe, am Grund manchmal verholzte Staude mit verzweigten, aufsteigenden Stängeln; Blätter gegenständig, oval, ganzrandig oder sehr fein gezähnt; Blüten in lockeren, wenigblütigen Trauben, Einzelblüte bis 1,5 cm im Durchmesser, azurblau mit weißem Schlund, Kelchblätter und Blütenstiele behaart; Früchte flach, oval, mit langem, daran haftenden Griffel

ACHTUNG! Beim Verzehr der rohen Pflanzen, vor allem der Blütenköpfe, kann es zu einer halluzinogenen Wirkung kommen.

VERWENDUNG Ebenso wie der Echte Ehrenpreis (*Veronica officinalis*) im Tiefland wurde und wird in den Bergen der Felsen-Ehrenpreis in der Volksmedizin als Allerwelts-Heilmittel verwendet. Sein Tee soll bei Husten und Erkältungskrankheiten ebenso helfen wie bei Leber- und Nierenleiden, Magenbeschwerden und Durchfall, Rheuma, Gicht und Hautleiden.

ÄHNLICHE ART Beim Blattlosen Ehrenpreis (*Veronica aphylla*) sitzen die Blätter rosettenartig dicht am Boden, während der zarte, höchstens 6 cm lange Blütenstängel blattlos bleibt.

Typisch

Die kräftig blauen Blüten tragen in ihrem Zentrum einen auffallenden, roten bis dunkelpurpurnen Ring um den Eingang zum weißen Schlund.

Bärtige Glockenblume

Campanula barbata

Die Bärtige Glockenblume sorgt recht trickreich für ihre Bestäubung. Sie bietet den Insekten reichlich Nektar an, gestaltet aber den Zugang so, dass fast nur Hummeln, die »Wunschbesucher« der Pflanze, an ihn gelangen können: Ein erstes Hindernis bildet ein Gewirr feiner Haare am Eingang der Blüte, das die Hummeln dank ihrer Kraft zu überwinden wissen. Das zweite Hindernis hingegen erfordert mehr Raffinesse. Der Nektar wird von einem Nektarium abgesondert, einer gelbe Scheibe am Grund der Blüte. Allerdings überwölben die Staubblätter der Blüte diese süße Speise wie eine Art Deckel. Noch dazu sind alle Spalten zwischen den Staubblättern durch einen dichten Borstensaum versperrt. Mit ihrem – im Vergleich zu anderen Insekten – langen Rüssel angeln die Hummeln zwischen den Staubblättern hindurch und saugen den Nektar auf. Während ihrer Mahlzeit erledigen sie ganz nebenbei mit ihrem dicken Hinterteil die Bestäubung der Blüte.

VORKOMMEN im ganzen Alpenraum häufig; in 1000–2700 m Höhe; außerdem in den Karpaten und ein isoliertes Vorkommen in Süd-Norwegen, das vermutlich als Eiszeit-Relikt verblieben ist; bevorzugt kalkarme Böden, braucht in Kalkgebieten zumindest eine saure, humushaltige oder torfige Bodenauflage; auf mageren Weiden, Matten, in lichten Wäldern und Zwergstrauchheiden

Nicht nur die fünf Zipfel der »Glocke« tragen innen lange, wirre Haare, auch der Blütenstiel sowie die Kelchblätter weisen dünne Haare auf, während der Stängel eher mit rauen Borsten besetzt ist.

Was ihre Farbgestaltung anbelangt, ist die Bärtige Glockenblume recht variabel. Von hellblau bis blauviolett können ihre Blüten getönt sein, gelegentlich zeigen sie sich sogar mehr oder weniger vollständig in Weiß.

MERKMALE 10–40 cm hohe, stark behaarte Staude mit unverzweigtem, wenig beblättertem Stängel; lange, zungenförmige Grundblätter in einer Rosette, Stängelblätter schmal, bis 1 cm lang; Blüten himmelblau, gelegentlich auch blaulila oder weiß, breit glockenförmig, zu 3–12 an einem Stängel; Frucht eine trockene Porenkapsel

ÄHNLICHE ART In den östlichen Kalkalpen trifft man häufig auf die etwas kleinere Rasen-Glockenblume (*Campanula cespitosa*), die den Untergrund mit verzweigten Ausläufern teppichartig bedeckt. Sie wächst selten oberhalb der Waldgrenze, eher ist sie in felsigen Kiefernwäldern zu finden.

Typisch

Der wirre »Bart« aus langen, weißlichen Haaren im Inneren der Blüte gab dieser Glockenblume ihren Namen und ist ihr untrügliches Kennzeichen.

BLÜTEZEIT

J	F	M	A	M	J	J	A	S	O	N	D

Scheuchzers Glockenblume

Campanula scheuchzeri

Wie alle Glockenblumen hat auch diese Art einen etwas eigenwilligen Bestäubungsmechanismus entwickelt. Mit ihren weiten Blütenglocken gestattet sie uns einen bequemen Einblick in ihr Innenleben. Im Anfangsstadium einer Blüte bilden die Staubbeutel eine Röhre um den Griffel herum. Wenig später öffnet sich die Röhre nach innen und überträgt den Pollen auf den Griffel. Sodann schrumpfen die Staubblätter und sinken auf den Grund des Blütenbechers. Insekten, die vom Grund der Blüte Nektar saugen wollen, streifen den Pollen vom Griffel ab. Erst dann öffnet sich der Griffel an seinem Ende und bildet die sogenannten »Narbenäste«, die wie ein kleiner »Mercedesstern« den Griffel schmücken. Das nächste – mit fremdem Pollen beladene – Insekt kann nun die Bestäubung vollziehen.

Bei dieser schon älteren Blüte haben sich die drei Narbenäste an der Spitze des Griffels bereits geöffnet. Die vertrockneten Staubbeutel sieht man noch als sandfarbene Fäden am Grund des Blütenbechers hängen.

VORKOMMEN in den gesamten Alpen, auch in anderen Gebirgen Mittel- und Südeuropas; in 1000–3100 m Höhe; vorzugsweise auf leicht sauren Böden; auf Wiesen, steinigen Rasen und ruhendem Schutt; ziemlich häufig

MERKMALE 10–20 cm hohe Staude mit aufrechtem, spärlich beblättertem Stängel; Grundblätter lang gestielt, rundlich bis herzförmig, zur Blütezeit jedoch meistens fehlend, Stängelblätter schmallanzettlich, sitzen wechselständig am Stängel; Blüten weitglockig, dunkelblau bis blauviolett, stets unbehaart, Spitzen der 5 Kronzipfel oft nach außen gebogen, Kelchblätter nadelartig dünn; Frucht eine trockene Porenkapsel

VARIETÄT Neben den üblichen blau blühenden treten gelegentlich auch Exemplare mit weißen Blüten auf.

BLÜTEZEIT

J	F	M	A	M	J	J	A	S	O	N	D

Typisch

Die breiteren Grundblätter sowie die untersten Stängelblätter sind in aller Regel zur Blütezeit der Pflanze bereits abgestorben.

Zwerg-Glockenblume

Campanula cochleariifolia

Fotografen haben es nicht leicht mit ihr. Die Zwerg-Glockenblume, auch Zierliche oder Niedrige Glockenblume genannt, hält nur selten still. Sie hat so dünne Stängel, dass ihre großen Blüten schon beim leisesten Windhauch heftig zittern. Spätestens wenn ihre Samen in den Kapselfrüchten reif sind, ist dieses Schütteln sehr von Vorteil. Wie bei allen Glockenblumen öffnet sich die trockene Kapsel nämlich mit einzelnen Poren, aus denen die winzigen Samen durch den Wind herausgeschüttelt werden.

VORKOMMEN in den Alpen häufig; von Tallagen bis in 3000 m Höhe; auch in den übrigen Gebirgen Mittel- und Südeuropas; auf

Jeder fängt mal klein an! Bei diesem jungen Pflänzchen haben die Kräfte erst zu einer einzigen Blüte gereicht. Dafür ist es eine besonders stattliche geworden.

steinigen Rasen, Schutthalden, Felsbändern, in Felsspalten, auf Kiesbänken von Flüssen; in Kalkgebieten häufig, hier oft in größeren Beständen, sonst zerstreut

MERKMALE 5–15 cm hohe, oft rasenbildende Staude mit verzweigten Ausläufern und aufrechten Stängeln; Grundblätter lang gestielt, breit eiförmig, mit gekerbtem Rand, Stängelblätter kurz und linealisch schmal; Blüten hellblau bis helllila, glockenförmig, nickend, zu 2–8 in lockerer Traube; Früchte trockene Kapselfrüchte

VERWENDUNG Die Zwerg-Glockenblume ist eine der wenigen heimischen Glockenblumen-Arten, die zu einer beliebten und pflegeleichten Steingartenpflanze geworden ist.

ÄHNLICHE ART In den Dolomiten, und nur dort, wächst in Ritzen und Spalten von Kalkfelsen die kleine Dolomiten-Glockenblume (*Campanula morettiana*). Ihre Blütenstängel bleiben so kurz, dass die großen Blütenglocken wenig Chancen haben, sich zu neigen und folglich meist schräg aufwärts gerichtet stehen.

Typisch

Die kleinen, löffelförmigen Grundblätter bedecken den Boden mit zahlreichen, nebeneinander sitzenden Blattrosetten, von denen viele steril sind, das heißt, keinen Blütenstängel hervorbringen.

BLÜTEZEIT

J	F	M	A	M	**J**	**J**	**A**	**S**	O	N	D

Alpen-Lein (§)

Linum alpinum

Botaniker nennen die Blüten der Lein-Arten »Revolverblumen«. Sie haben in ihrem Zentrum, rund um den zentralen Griffel herum, fünf getrennte Nektarkammern. Im Querschnitt erinnern diese an die Trommel eines Revolvers. Interessanterweise sind beim Alpen-Lein nur zwei davon tatsächlich mit Nektar gefüllt. Die blütenbesuchenden Insekten müssen also eine Weile suchen, bis sie fündig werden. Das verlängert ihre Aufenthaltszeit in der Blüte und erhöht dadurch die Wahrscheinlichkeit, dass sie an der richtigen Stelle Pollen abstreifen und die Bestäubung gelingt. Zugleich spart die Pflanze dadurch bei der Nektarproduktion.

VORKOMMEN in den nördlichen und südlichen Kalkketten, vor allem in den Westalpen; auch im Schweizer Jura sowie in den Pyrenäen

Im Zentrum der Blüte weist ein intensiv gelbes Saftmal den Insekten den Weg zum Nektar. Es kann von Insektenaugen besonders gut wahrgenommen werden, weil es UV-Strahlung absorbiert, während die übrige Blüte UV-Licht reflektiert.

und von den Karpaten bis zum Ural; in 1000–2000 m Höhe; nur auf Kalkuntergrund; auf trockenen, steinigen Rasen, Felsschutt und an sonnigen Felshängen; selten, in Deutschland nur um Berchtesgaden

MERKMALE 10–30 cm hohe Staude mit dünnen, aufrechten oder bogig aufsteigenden Stängeln; Blätter schmallanzettlich, wechselständig am Stängel sitzend; Blüten auf langen Stielen in einer lockeren Rispe stehend, trichterförmig ausgebreitet, mit 5 hellblauen Kronblättern, in der Mitte ein gelbes Farbmal; Frucht eine kugelige Kapsel mit kurzer Stachelspitze

VERWANDTE ARTEN Manche Botaniker betrachten den Alpen-Lein nur als Unterart des im Flachland wachsenden Ausdauernden Leins (*Linum perenne*), dessen Blütenblätter sich aber stärker überdecken. In den österreichischen Alpen sowie im Schweizer Engadin und Wallis findet sich auch der sehr ähnliche Österreichische Lein (*Linum austriacum*), der gelegentlich ausgesät wird, um trockene, sonnige Böschungen zu befestigen.

BLÜTEZEIT

J	F	M	A	M	J	J	A	S	O	N	D

Typisch

Während beim Alpen-Lein die Blütenknospen nicken und die Fruchtkapseln aufgerichtet sind, ist es beim Österreichischen Lein genau umgekehrt: die Knospen stehen aufrecht und die Samenkapseln hängen herab.

Frühlingsenzian (§)

Gentiana verna

Lang, sehr lang muss der Rüssel eines Insekts sein, wenn es vom Nektar des Frühlingsenzians naschen will. Er wird nämlich ganz unten in der engen und rund 2,5 Zentimeter langen Blütenröhre gebildet. Daher kommen nur Tagfalter in Frage sowie tagaktive Schwärmer. Weil der Insektenbesuch die Bestäubung der Blüten gewährleistet, hat der Enzian ein großes Interesse daran, es den Faltern leicht zu machen. Auf die Farbe Blau sprechen Schmetterlinge gut an, und die fünf Zipfel seiner Kronröhre bilden einen waagrechten Teller, auf dem die Tiere bequem landen können. »Stieltellerblume« nennen die Botaniker eine solche Blütenform.

In felsige Regionen verschlägt es den Frühlingsenzian eher selten.

VORKOMMEN im gesamten Alpenraum; in europäischen Hoch- und Mittelgebirgen und Heidelandschaften, ebenso in Skandinavien; von Tallagen bis in fast 3000 m Höhe; meist auf Kalkböden, seltener auch über Silikatgestein; auf Trockenwiesen und Halbtrockenrasen, sonnigen Matten, in Flachmooren und Zwergstrauchheiden; verträgt Düngung schlecht, verschwindet daher bei intensiver Landwirtschaft; zerstreut, aber meist in individuenreichen Beständen

MERKMALE 5–15 cm hohe Staude mit kurzen, dicht beblätterten Trieben, die einen lockeren Rasen bilden; Grundblätter in Rosetten, derb, breitlanzettlich, 2–3 cm lang, Stängelblätter deutlich kleiner, gegenständig; Blüten einzeln am Stängelende, tiefblau, Krone röhrig verwachsen, mit 5 sternförmig ausgebreiteten Zipfeln, Kelch kantig, den unteren Teil der Blüte umfassend, in 5 spitze Zähne auslaufend; Frucht eine vielsamige Kapsel

VERWENDUNG Als Gartenpflanze bringt der Frühlingsenzian intensives Blau in den Steingarten. Anders als so manch andere Alpenpflanze gedeiht er auch im Tiefland gut.

BLÜTEZEIT

J	F	M	A	M	J	J	A	S	O	N	D

Typisch

Wird das Wetter ungemütlich, schließen sich die Blüten. Dies kann sowohl durch Erschütterungen, etwa bei Regen, Hagel oder Sturm, ausgelöst werden, als auch durch ein rasches Temperaturgefälle.

Stängelloser Enzian (§)

Gentiana acaulis und Gentiana clusii

*Der Stängellose Enzian mit seinen prächtigen, großen Blütenkelchen ist der »Parade-Enzian« von Alpenmagazinen, Fremdenverkehrsprospekten und Souvenir-Designern. Genau genommen ist »stängellos« aber falsch. Sein Stängel ist lediglich sehr kurz. Und: es gibt nicht eine, sondern gleich zwei Arten, den Stängellosen Silikat-Enzian (*Gentiana acaulis*) sowie den Großblütigen oder Stängellosen Kalk-Enzian (*Gentiana clusii*). Diese beiden Zwillingsarten sind äußerlich nur schwer zu unterscheiden, allerdings kommt der eine stets auf Kalkuntergrund, der andere auf Silikatgestein vor.*

VORKOMMEN der Stängellose Silikat-Enzian vor allem in den Zentralalpen, der Stängellose Kalk-Enzian fast nur in den nördlichen und südlichen Randalpen, außerdem im Alpenvorland; bis in rund

Im Gegensatz zu seiner Schwesterart hat der Stängellose Kalk-Enzian im Inneren seines Blütenkelchs kein Grün aufzuweisen.

3000 m Höhe; ersterer auf kalkarmen, zweiterer nur auf kalkhaltigen Böden; auf nährstoffarmen Wiesen, seltener auch in lichten Wäldern und Gebüschen; zerstreut, aber meist sehr gesellig

MERKMALE 5–10 cm hohe Staude mit kurzem, unverzweigtem, einblütigem Stängel; Blätter breitlanzettlich, ganzrandig, am Boden in einer Rosette, am Stängel gegenständig; Blüte glockig, immer aufrecht, bis 6 cm lang, azurblau; Frucht eine vielsamige Kapsel

VERWENDUNG Die beiden Arten des Stängellosen Enzians, die auch in der Natur gelegentlich in hellblauen, weißlich gestreiften oder violetten Spielarten vorkommen, sind die Stammform von zahlreichen Gartenenzian-Sorten in den verschiedensten Farben. Anders als die großen, blauen Blüten auf dem Etikett des bekannten Enzianschnapses suggerieren, wird der Schnaps nicht aus dem Stängellosen Enzian, sondern aus dem Gelben Enzian (siehe Seite 226/227) gebrannt.

Typisch

Das Innere der großen Blütenglocke weist beim Stängellosen Silikat-Enzian blass olivgrüne Bereiche mit feinen dunkelblauen Tupfen auf (Bild links), während der Stängellose Kalk-Enzian dort – wenn überhaupt – nur eine weißliche Zeichnung trägt.

BLÜTEZEIT

J	F	M	A	M	J	J	A	S	O	N	D

(markiert: M, J, J, A)

Schwalbenwurz-Enzian (§)

Gentiana asclepiadea

Er ist einer der Letzten im jährlichen Blütenreigen unserer Bergwelt. Weil zu dieser späten Zeit des Jahres nur noch wenige Hummeln unterwegs sind, muss er besonders oft zur Selbstbestäubung greifen, um seinen Fortbestand zu sichern. Einen weiteren Grund liefern geflügelte »Einbrecher«: Wenn man die Blüten genau ansieht, wird man sehr oft nahe der Basis kleine Löcher entdecken. Das sind die Spuren von kurzrüsseligen Hummeln, die sich einfach von außen durch den Blütentrichter beißen und den Nektar gewissermaßen »rauben«, ohne als Gegenleistung dafür die Blüte zu bestäuben.

VORKOMMEN in den nördlichen und südlichen Kalkalpen recht häufig, in den Zentralalpen seltener; auch im Voralpenland sowie

Die schmalen Blütenkelche des Schwalbenwurz-Enzians sitzen nicht nur am Stängelende, sondern auch in den Achseln der oberen Blätter.

in den übrigen Gebirgen Mittel- und Südeuropas; von Tallagen bis in 2300 m Höhe; kalkliebend; auf feuchten, schattigen Wiesen, in Flachmooren, an Waldrändern, Bachufern, in Latschen- und Hochstaudenfluren

MERKMALE 30–90 cm hohe Staude mit unverzweigten, dicht beblätterten und vielblütigen Stängeln; Blätter lanzettlich, ganzrandig, sitzen gegenständig; Blüten bis 5 cm lange, relativ enge Glocken, zu 1–3 in den oberen Blattachseln, dunkelblau, innen mit breiten, weißlichen Streifen und rotvioletten Punkten; Frucht eine vielsamige Kapsel

Typisch

Im Schatten eines Waldrands oder Gebüsches biegt sich die hoch aufragende Staude oft nach hinten über. Sie breitet ihre Blätter so aus, dass diese in zwei Reihen nebeneinander waagrecht zum Lichteinfall stehen. So kann sie das wenige verfügbare Licht optimal ausnützen.

VERWENDUNG Der Schwalbenwurz-Enzian enthält wie alle Enziane Bitterstoffe. Deshalb wurde sein Wurzelstock früher auch medizinisch gegen Appetitlosigkeit und Magenbeschwerden verwendet. Die ihm von der Volksheilkunde zugeschriebene Heilkraft gegen Tollwut gehört allerdings ins Reich der Wunschgedanken.

BLÜTEZEIT

J	F	M	A	M	J	J	**A**	**S**	**O**	N	D

Himmelsherold (§)

Eritrichium nanum

Ob die kleine Polsterpflanze ihren Namen dem Himmelblau ihrer Blüten verdankt oder der Tatsache, dass sie in den Bergen himmelhoch aufsteigt – wer vermag das zu sagen? Damit sie von den bestäubenden Insekten nur ja nicht übersehen werden, tragen die leuchtend blauen Blüten einen gelben Schlundring als Farbkontrast. Bei älteren Blüten verblasst er zu einem gelblichen Weiß und signalisiert damit den Insekten, dass es hier keinen Nektar mehr zu holen gibt (siehe Bild unten).

VORKOMMEN von den Seealpen bis in die Tauern und Karawanken; in 2000–3800 m Höhe; auch im Kaukasus; überwiegend auf sauren Böden; auf steinigen Rasenstellen, Fels und Feinschutt; selten

Tastet man unter das dichte Polster des Himmelsherolds, kann man mit den Fingern den Ansatz einer dicken Pfahlwurzel spüren. Mit deren Hilfe verankert sich die kleine Hochgebirgspflanze fest in den Ritzen des Gesteins.

MERKMALE nur 2–5 cm hohe Polsterstaude mit zahlreichen blühenden und nichtblühenden Blattrosetten; Blätter nur 5–10 mm groß, glänzend seidig bis zottig behaart; Blüten 5–9 mm breit, 5 gerundete, blaue Kronblätter, die an der Basis zu einer weißlichen Röhre verwachsen sind und auffällige, goldgelbe Schlundschuppen haben; Früchte eiförmige Nüsschen mit fransig geflügelten Kanten zur Windverbreitung

ÄHNLICHE ART Etwa zur selben Zeit blüht auch das Alpen-Vergissmeinnicht (siehe Seite 184/185), das aber deutlich größere Blätter hat und bereits ab etwa 1200 m Höhe anzutreffen ist.

Typisch

Die auffallend himmelblauen Blüten tun sich nicht nur durch ihre intensive Farbe, sondern auch durch einen angenehmen Duft hervor.

BLÜTEZEIT

J	F	M	A	M	J	J	A	S	O	N	D

Alpen-Vergissmeinnicht †

Myosotis alpestris

In leuchtendem Azurblau strahlen die kleinen Blüten dieses Vergissmeinnichts aus dem Grün, intensiver gefärbt als bei jeder verwandten Art im Tiefland. Der hohe Anteil an UV-Licht im Gebirge gibt ihnen diese satte Farbe. Auch Rottöne strahlen aus der Blüte hervor. Beim Aufblühen nämlich sind die Blüten noch rosa bis fliederfarben, erst später werden sie blau, ein Farbwechsel, der charakteristisch ist für die Raublattgewächse. Bewirkt wird er durch eine chemische Reaktion des Blütenfarbstoffs Anthocyan. Im anfangs noch sauren Zellsaft sieht der Farbstoff rötlich aus, wenn durch den veränderten Stoffwechsel der alternden Blüte das Milieu der Zelle ins Basische umschlägt, wird er blau. Wir kennen diesen Farbumschlag auch vom Rotkohl, der ja ebenso als Blaukraut bekannt ist.

Als Knospen sind die jungen Blüten noch rosa. Erst wenn sie sich voll entfaltet haben, nehmen sie die auffällige, himmelblaue Färbung an.

VORKOMMEN in den gesamten Alpen, auch in den anderen Gebirgen Eurasiens und auch Nordamerikas; hauptsächlich in 1200–3000 m Höhe; sowohl auf kalkhaltigen wie auf silikatischen Böden; auf feuchten Rasen, Felsschutt, Blockhalden, an Waldrändern

MERKMALE 5–15 cm hohe Staude mit einer Grundblattrosette und aufrechten, beblätterten Stängeln; Stängel und Blätter rauhaarig; Blätter eiförmig bis lanzettlich; Blüten zu mehreren in einem dichten Blütenstand am Stängelende, intensiv blau mit gelbem Ring am Eingang zur Schlundröhre; Frucht ein schwarzes Nüsschen

ACHTUNG! Wie alle Vergissmeinnicht-Arten enthält auch das Alpen-Vergissmeinnicht eine Substanz, die ähnlich wie das Pfeilgift Curare wirkt – jedoch in so geringen Mengen, dass es nur sehr schwach giftig ist.

VERWENDUNG Aus dem Alpen-Vergissmeinnicht und einigen eng verwandten Arten sind etliche, verschiedenfarbige Gartenformen entstanden, die häufig aus Gärten »entkommen« und verwildert sind.

BLÜTEZEIT

J	F	M	A	M	J	J	A	S	O	N	D

Typisch

Die ganze Pflanze mit Ausnahme der Blütenkrone ist dicht und rauhaarig behaart.

Alpen-Akelei † (§)

Aquilegia alpina

Typisch

Die sternförmig ausgebreiteten Blütenblätter sind zu langen Spitzen ausgezogen, die häufig grün gefärbt sind.

BLÜTEZEIT

J	F	M	A	M	**J**	**J**	**A**	S	O	N	D

Bis zu neun Zentimeter breit werden die kräftig blauen Blüten der Alpen-Akelei und damit sind sie die größten unserer heimischen Akeleien. Während sich die fünf äußeren Blütenblätter zu einem aparten Stern ausbreiten, laufen die inneren Blütenblätter tütenförmig in je einen langen, gekrümmten Sporn aus. In den Spornen wird von speziellen Drüsen süßer Nektar ausgeschieden, um Insekten anzulocken. Den können allerdings nur die langrüsseligen Hummeln erreichen, die folglich auch die Hauptbestäuber dieser Akeleien darstellen.

VORKOMMEN in den Westalpen, etwa bis Vorarlberg; außerdem im Apennin; in 1200–2500 m Höhe auf kalkhaltigen, feuchten Böden; in Gebüschen (oft in Gesellschaft von Rhododendren) und auf Matten; nirgends besonders häufig

MERKMALE 20–50 cm hohe Staude; Grundblätter lang gestielt, aus drei Teilblättern zusammengesetzt, die Teilblätter ihrerseits nochmals dreigeteilt; Stängel aufrecht, meist unverzweigt, mit wenigen, nur kleinen Blättchen; Blüten meist einzeln am Ende der Stängel, leicht nickend, 6–9 cm im Durchmesser, hellblau bis blauviolett

ACHTUNG! Wie alle Akeleien ist auch die Alpen-Akelei mäßig giftig.

VERWENDUNG Spezielle Kulturformen der Alpen-Akelei schmücken mit ihren ungewöhnlich großen, blauen Blüten viele Steingärten. Die Wildform lässt sich hingegen im Tiefland nur schwer kultivieren.

ÄHNLICHE ART Gewissermaßen die kleine Schwester der Alpen-Akelei ist die ähnliche, aber insgesamt zierlichere Kleinblütige Akelei (*Aquilegia einseleana*). Auch sie wächst auf Kalkböden, bleibt jedoch im subalpinen Bereich bis 1800 m und ist vor allem in den Ostalpen anzutreffen.

Die Blütenstiele der Kleinblütigen Akelei werden nur bis zu 30 cm hoch.

Alpenrebe † (§)

Clematis alpina

Der Schlingstrauch mit den großen, exotisch anmutenden Blüten ist die einzige Lianenart, die in den Alpen beheimatet ist. Er klimmt an Fichten und Lärchen empor, durchflicht aber auch Alpenrosengebüsche und Latschen. Dabei erweist er sich als typischer Linkswinder, das heißt, seine Zweige schlingen sich stets gegen den Uhrzeigersinn um ihre Stütze. Auch mit ihren langen Blattstielen vermag sich die Alpenrebe, auch Alpen-Waldrebe genannt, festzuhalten. Die Stiele winden sich auf einen Berührungsreiz hin um die Unterlage herum. Wenn die Alpenrebe im Herbst ihr Laub abwirft, verliert die Pflanze keineswegs ihren Halt. Die dann dürren, aber fest verschlungenen Blattstiele bleiben auch im Winter erhalten.

VORKOMMEN Verbreitungsschwerpunkte zum einen in den Südwestalpen von den Seealpen bis Savoyen, zum andern in den Ostalpen von Graubünden aus in Richtung Osten, dazwischen nur sehr selten; außerdem in den Pyrenäen, im Apennin sowie von

Nach der Blüte verlängern sich die Griffel zu fedrigen Schweifen, die weiße »Puschel« bilden.

Wie große, blaue Glocken hängen die Blüten an den oft wirr verschlungenen Trieben.

den Karpaten über Nordasien bis Nordamerika; von Tallagen bis in 2400 m Höhe; vorzugsweise auf kalkhaltigen Böden; meist an Waldrändern und in Gebüschen, gelegentlich auch auf schattigen Blockhalden und Felsen

MERKMALE Schlingstrauch, der an geeigneten Stützen bis zu 3 m hoch emporklettern kann; Blätter doppelt dreiteilig, langgestielt; Blüten einzeln an langen, dünnen Stielen, nickend, mit 4 hellblauen bis violetten, bis zu 5 cm langen Blütenblättern, im Inneren 10–12 nur halb so große, weißliche Nektarblätter; Fruchtstand mit silberweißen, fedrigen Flughaaren

ACHTUNG! Die Alpenrebe ist in allen ihren Teilen (schwach) giftig. Auf empfindlicher Haut kann der Pflanzensaft Rötungen und Juckreiz hervorrufen. Getrocknete Pflanzenteile sind frei von hautreizenden Substanzen.

Typisch

Die großen, auffälligen Blüten machen die Alpenrebe ebenso unverwechselbar wie die silbrig weißen, fedrigen Fruchtstände.

BLÜTEZEIT

J	F	M	A	M	J	J	A	S	O	N	D

Blauer Eisenhut † (§)

Aconitum napellus

BLÜTEZEIT

J	F	M	A	M	J	J	A	S	O	N	D

Es geschah im Jahr 54 nach Christus. Der römische Kaiser Claudius hatte soeben genüsslich eine Suppe gelöffelt, als er nach Luft rang, zu Boden stürzte – und starb. Er war dem Gift des Blauen Eisenhuts erlegen. Dies war in der Antike ein bekanntes Mittel, um Menschen zu Tode zu bringen, sei es in meuchlerischer Absicht, sei es zum Vollzug der Todesstrafe. Der römische Schriftsteller Plinius der Ältere bezeichnete den Eisenhut durchaus treffend als »pflanzliches Arsen«.

VORKOMMEN im gesamten Alpenraum; ebenso in den übrigen Bergregionen Europas; von Tallagen bis in 2500 m Höhe; an feuchten, kühlen, meist halbschattigen Standorten, zum Beispiel an Bachufern, Waldrändern, auf Weiden und Almen, in Hochstaudenfluren und Schluchtwäldern; durch Verwilderung von Gartenexemplaren örtlich auch außerhalb des Berglands

MERKMALE 50–150 cm hohe Staude mit aufrechten, geraden, stark beblätterten Stängeln; Blätter tief handförmig in 5–7 schmale Abschnitte unterteilt, die ihrerseits nochmals gebuchtet oder gezackt sind; am Stängelende eine dicht gedrängte Traube dunkelblauer, asymmetrischer Blüten; mehrsamige Balgfrüchte, Samen kantig pyramidenförmig

ACHTUNG! Der Eisenhut ist eine der giftigsten Pflanzen Europas! Sein Gift, das in allen Pflanzenteilen enthalten ist, dringt bei Berührung sogar durch die Haut und hinterlässt oft ein Taubheitsgefühl. Beim Verzehr bewirken schon geringste Mengen eine ernsthafte Vergiftung. Von der hochgiftigen Knolle oder den Samen können bereits 2 g für einen Erwachsenen tödlich sein (Herzmuskel- und Atemlähmung!).

VERWENDUNG Trotz seiner Giftigkeit ist der Eisenhut eine beliebte Zierpflanze im Staudenbeet, die heute in vielen züchterischen Sorten mit blauen, rosafarbenen und weißen Blüten angeboten wird.

Typisch

Von den fünf Blütenblättern weisen zwei nach unten und zwei zur Seite. Das fünfte aber ist hoch aufgewölbt und erinnert in der Form an einen Ritterhelm, was der Pflanze ihren Namen gab.

Alpen-Mannstreu (§)

Eryngium alpinum

Es war um 600 vor Christus, als sich die griechische Dichterin Sappho unsterblich in einen Jüngling namens Phaon verliebte und ihn in ihren erotischen Liedern besang. In der Antike wusste man auch eine Erklärung dafür. Man erzählte, die Pflanze Eryngion (unser Mannstreu) habe zweierlei Wurzeln, nämlich männliche und weibliche – je nach ihrer Gestalt. Und Männer, die eine solche männliche Wurzel besäßen, würden dadurch ganz besonders attraktiv für Frauen. Auch Phaon sei im Besitz einer solchen Wurzel gewesen. Im 16. Jahrhundert griffen Gelehrte diese alte Geschichte wieder auf – und prompt galt der Mannstreu fortan als Aphrodisiakum.

VORKOMMEN von den Seealpen bis Vorarlberg, außerdem in den Südalpen bis zu den Karawanken; ebenso auf der Balkanhalbinsel;

Die eigentlichen Blüten des Mannstreus sind winzig. Obwohl sie in einem vielblütigen Blütenstand beieinanderstehen, würden sie wohl kaum auffallen, hätten sie ihren breiten, farbigen »Kragen« nicht.

mit großen Verbreitungslücken; in 1200–2500 m Höhe; nur auf kalkhaltigen Böden; in Hochstaudenfluren, auf feuchten Bergwiesen

MERKMALE 30–80 cm hohe, distelartige Staude; Grundblätter lang gestielt, weich, bis 20 cm lang, breit oval mit herzförmigem Grund, am Rand mit Zähnung, Stängelblätter handförmig geteilt, am Rand mit distelartigen Stacheln; Blüten winzig, sitzen dicht gedrängt in einem walzenförmigen Blütenstand, unter dem eine Manschette aus blauvioletten, stechend gezackten Hüllblättern steht

VERWENDUNG Unter dem Namen »Edeldistel« ist der Alpen-Mannstreu auch als dekorative Steingartenpflanze im Handel. Der Farbton seiner bizarren Hüllblätter variiert, je nach Zuchtsorte, von Amethystviolett über Stahlblau bis zu einem schimmernden Silberlila. Ebenso werden die Blütenstände gern als Schnittblumen verwendet sowie für monatelang haltbare Trocken-gestecke.

Typisch

Die stachelige »Halskrause« des Blütenstands schließt sich bei Regenwetter und in der Nacht.

BLÜTEZEIT

J	F	M	A	M	J	J	A	S	O	N	D

Alpen-Aster (§)

Aster alpinus

»Wie ein großes, blaues Gänseblümchen«, so werden die Blütenköpfe der Alpen-Aster häufig und treffend beschrieben. Der Strahlenkranz blauvioletter Zungenblüten kontrastiert aufs Hübscheste mit dem Goldgelb der zentralen Röhrenblüten. Nach dem Verblühen sinken die Blütenstängel nicht um, sondern werden dürr und bleiben stehen. Als ein sogenannter »Wintersteher« reckt die Aster ihre Früchtchen über den Schnee, damit diese in der Winterkälte nachreifen können, bevor sie mithilfe ihres Haarkranzes durch den Wind verbreitet werden.

Seltener kommen auch Exemplare mit rotvioletten, rosa oder sogar weißen Zungenblüten vor.

VORKOMMEN in den Alpen zerstreut bis ziemlich häufig; hauptsächlich in 1500–3000 m Höhe; auch in den übrigen Gebirgen Eurasiens und Nordamerikas sowie in arktischen Regionen; überwiegend auf Kalkgestein; auf steinigen Rasen, Magerwiesen und Felshängen

MERKMALE 5–20 cm hohe Staude mit aufrechtem, meist einköpfigem Stängel; Blätter zungenförmig, ganzrandig, behaart, fast alle grundständig, nur wenige kleine am Stängel sitzend; Blütenkopf bis 4,5 cm breit, am Stängelende; Früchtchen mit feinborstigem Haarkranz

VERWENDUNG Die Alpen-Aster ist eine überaus beliebte Steingartenpflanze und wird in einer Vielzahl von Farbzüchtungen angeboten.

Typisch

Die großen Blütenköpfe mit ihrem reizvollen Farbkontrast machen die Alpen-Aster unverwechselbar und auffällig, zumal sie meist recht gesellig auftritt.

BLÜTEZEIT

J	F	M	A	M	**J**	**J**	**A**	S	O	N	D

Alpen-Milchlattich

Cicerbita alpina

Die Bergbauern schätzen die stattliche, meist in dichten Gruppen wachsende Staude sehr. Nicht etwa ihrer hübschen Blüten wegen, sondern weil sie angeblich die Kühe mehr Milch geben lässt, ein Aberglaube, der sich hartnäckig hält. Der bei Verletzungen aus der Pflanze austretende Milchsaft führte wohl zu der Schlussfolgerung, dass sie generell gut für die Milchproduktion sei. Tatsächlich aber hilft der Milchsaft, der Bitterstoffe enthält, dem Gewächs bei der Abwehr von Schädlingen und Fressfeinden.

VORKOMMEN nicht nur in den Alpen, auch in den übrigen europäischen Gebirgen verbreitet; von etwa 1000 bis 2400 m Höhe; au-

Die rotbraunen Hüllblätter der Blütenkörbchen sind leicht klebrig.

Die hohen Blütenstände des Milchlattichs blühen von oben nach unten auf.

ßerdem in Skandinavien; überwiegend auf Kalkgestein; auf feuchten Böden, in Bergwäldern und Hochstaudenfluren

MERKMALE 50–200 cm hohe Staude; dicker, aufrechter, beblätterter Stängel, der rotbraun überlaufen und abstehend behaart ist; Blätter wechselständig, im unteren Bereich bis zu 25 cm lang, eingebuchtet und gezackt, mit einem großen, dreieckigen Endabschnitt; am Stängelende zahlreiche, 2 cm große Blütenkörbchen in dichter Traube; Blütenkörbchen ausschließlich mit blauvioletten Zungenblüten, umgeben von borstig behaarten Hüllblättern; Samen mit weißlichen Flughaaren

VERWENDUNG In Lappland essen die Samen die fleischigen Stängel des Milchlattichs traditionell als Sommergemüse. Um den etwas bitteren Geschmack zu mildern, kochen sie die Stängel in Rentiermilch.

BLÜTEZEIT

J	F	M	A	M	J	J	A	S	O	N	D

Typisch

Werden Stängel oder Blätter angeritzt oder abgebrochen, tritt ein weißer Milchsaft aus. Die Blüten werden nachts und bei Regenwetter geschlossen.

Alpenhelm †

Bartsia alpina

Er führt sein Blumenleben weitgehend auf Kosten anderer. Schon als kleiner Keimling bildet der Alpenhelm Saugorgane, sogenannte Haustorien, aus, mit denen er sich an die Wurzeln benachbarter Pflanzen heftet und dort Wasser samt den darin gelösten Mineralstoffen abzapft. Ein Schmarotzer also. Um gerecht zu sein, muss man in seinem Fall das harte Wort allerdings zu Halbschmarotzer abmildern. Schließlich betreibt er in seinen grünen Blättern ja Photosynthese und produziert somit zumindest seine Pflanzenbausteine selber.

VORKOMMEN in den Alpen, Pyrenäen und Gebirgen Südosteuropas; in 1000–3000 m Höhe, außerdem in den arktischen Regionen der Alten und Neuen Welt; überwiegend auf kalkhaltigem Untergrund; auf feuchten Wiesen und Weiden, in Flachmooren und Quellfluren; in den Alpen häufig

MERKMALE 10–20 cm hohe, dicht behaarte Staude mit einfachem, kantigem Stängel; Blätter schmal oval, am Rand gekerbt, gegenständig am Stängel sitzend; Blüten einzeln in den oberen Blattachseln, dunkelviolett, Kronblätter zu einer langen, schmalen Röhre verwachsen, zweilippig, Oberlippe wie ein flacher Helm, Staubblätter dick weißwollig behaart, ragen auffällig aus dem »Mäulchen« der Blüte heraus; Frucht eine vielsamige Kapsel in Form eines Rugbyballs

ACHTUNG! Der Alpenhelm ist in allen seinen Teilen schwach giftig.

Typisch

Die Blätter im Bereich des Blütenstands sind meist trübviolett überlaufen und verstärken damit die Farbwirkung der Blüten.

BLÜTEZEIT

J	F	M	A	M	**J**	**J**	**A**	S	O	N	D

Kärntner Kuhtritt ✝ (§)

Wulfenia carinthiaca

Sie ist eine wahre Rarität unter den Alpenblumen. Wer sie sehen will, muss den Gartnerkofel besteigen, an der Grenze zwischen Südkärnten und Italien. Dort, auf einer Fläche von etwa zehn Quadratkilometern, wächst diese großblättrige Staude allerdings stellenweise so üppig, dass ihre Verbreitung an Salatfelder erinnert. Ihr frischgrünes Blattwerk hält den Tritten des Weideviehs überraschend gut stand. Ob ihr rustikaler Name daher rührt, oder weil die Kühe die Samen der Staude an ihren Klauen verbreiten, sei dahingestellt.

VORKOMMEN ausschließlich in den Karnischen Alpen; in 1300–2000 m Höhe; auf feuchten, nährstoffreichen, kalkarmen Böden; in Alpenrosengebüschen und Hochstaudenfluren, auf Almweiden und Matten; an ihren Wuchsorten zum Teil zahlreich

MERKMALE 20–40 cm hohe Staude mit aufrechten Stängeln, die einem verzweigten, horizontal wachsenden Wurzelstock entspringen; Blätter in einer grundständigen Rosette, bis 20 cm groß, verkehrt eiförmig, am Rand grob gekerbt; am Stängel kleine, schuppenförmige Hochblätter, Blütenstand eine bis zu 30 cm lange, dichte Blütentraube, Einzelblüten violettblau, mit langer Kronröhre und Ober- und Unterlippe; Früchte kleine, vielsamige Kapseln

VERWENDUNG Mit dem Aufkommen des Alpentourismus wurde die Wulfenia zur Nationalblume Kärntens erhoben. Die Stadt Hermagor betitelt sich sogar werbewirksam als »Wulfenia-Stadt«, man findet keinen Prospekt, auf dem nicht die blauen Blüten prangen. Vielfach wird die Wulfenia auch als schattenverträgliche Beetstaude in Gärtnereien angeboten.

ÄHNLICHE ART Ob eine sehr ähnliche Pflanze, die in den Bergen Nordalbaniens, Montenegros und des Kosovos wächst, eine Unterart des Kärntner Kuhtritts ist oder eine eigene Art, wird derzeit noch diskutiert.

BLÜTEZEIT

J	F	M	A	M	J	J	A	S	O	N	D

Typisch

Die großen Laubblätter bleiben über den Winter erhalten. Ihr helles, glänzendes Grün sticht daher dem Wanderer schon im Frühjahr ins Auge.

Herzblättrige Kugelblume † (§)

Globularia cordifolia

Mit einem ausgedehnten und dichten Geflecht von Zweigen breitet sich der Halbstrauch über dem steinigen Untergrund aus. In dem Gewirr verfangen sich verwelkte Blätter ebenso wie den Hang herabrieselnde Feinerde. Mit der Zeit entsteht dort eine gewissermaßen selbstproduzierte Humusschicht, die von der Pflanze genutzt wird, indem sie sie mit feinen Nährwurzeln durchzieht.

VORKOMMEN in den Kalkalpen mit Ausnahme der südöstlichen Randalpen; gelegentlich auch im Alpenvorland im Bereich der Flusstäler; im Schweizer Jura, außerdem in den übrigen Gebirgen Mittel- und Südeuropas; von Tallagen bis in 2600 m Höhe; braucht kalkreichen Boden; auf trockenen Matten und felsdurchsetzten Rasen, in Felsspalten, auf Felsschutt; zerstreut

MERKMALE 5–10 cm hoher Halbstrauch mit niederliegenden, stark verzweigten und verholzten Trieben und aufragenden, unverholzten Blütenstängeln; Grundblätter spatelförmig, in Rosetten angeordnet, Stängelblätter schuppenartig klein; Blütenstand ein dichtes, kugeliges Köpfchen aus zahlreichen hellblauen oder blauvioletten, manchmal auch rosa Einzelblüten, darunter eine Rosette nadelartig schmaler Hochblätter, Blüten mit Ober- und Unterlippe, die insgesamt in fünf dünne Zipfel auslaufen; Früchte kleine, längliche Kapseln

ACHTUNG! Sämtliche Kugelblumen enthalten in allen Pflanzenteilen den Bitterstoff Globularin, der beim Menschen nach Verzehr Erbrechen, Durchfall und Koliken hervorruft.

ÄHNLICHE ART Die mit 10–25 cm Wuchshöhe deutlich größere Nacktstängelige Kugelblume (*Globularia nudicaulis*) ist in den nördlichen Randalpen häufig anzutreffen, in den übrigen Alpenregionen nur selten.

BLÜTEZEIT

J	F	M	A	**M**	**J**	**J**	A	S	O	N	D

Typisch

Die spatelförmigen Blätter sind an der Spitze herzförmig eingebuchtet, was ohne weiteres den Namen der Pflanze erklärt.

Alpen-Leinkraut

Linaria alpina

Wie kleine Löwenmäulchen sehen sie aus, die zweilippigen Blüten des Alpen-Leinkrauts, und dank ihres starken Farbkontrasts sind sie kaum zu übersehen. Die knallorange Aufwölbung auf der violetten Unterlippe stellt für die bestäubenden Insekten allerdings ein ernsthaftes Hindernis dar. Sie verschließt nämlich den Zugang zu Pollen und Nektar, die in der Kronröhre bereitgehalten werden. Nur sehr kräftige Insekten vermögen die Unterlippe herabzudrücken und dadurch die Blüte zu öffnen. Daher erfolgt die Bestäubung des Leinkrauts in erster Linie durch Erdhummeln.

VORKOMMEN in den nördlichen und südlichen Randalpen, gelegentlich im Alpenvorland; ebenso in den übrigen Gebirgen Süd- und Mitteleuropas; von etwa 1500 bis in 4000 m Höhe; überwiegend auf Kalkuntergrund; auf Geröllhalden, beweglichem Schotter und Feinschutt, von Flüssen auch oft weit ins Tal hinabgeschwemmt und dann auf Kiesbänken entlang von Flusstälern; zerstreut

Die Enden der über den Boden kriechenden Triebe krümmen sich hoch und recken die Blüten den Insekten entgegen.

MERKMALE 5–15 cm hohe, kahle Staude mit am Boden kriechenden, dicht beblätterten Trieben; Blätter fleischig, schmal lanzettlich, höchstens 1,5 cm lang, blau bereift; Blüten in kurzen Trauben am Stängelende, zweilippig, dunkelviolett mit orangem Schlundmal, nach hinten ein langer, dünner Sporn; Frucht eine vielsamige Kapsel

VERWENDUNG Im Aberglauben des Mittelalters sollte die Pflanze Kinder gegen Hexenzauber schützen, wenn man sie ihnen ins Bettchen legte. Heute machen seine farbenfrohen Blüten das Alpen-Leinkraut zu einer beliebten Steingartenpflanze.

BLÜTEZEIT

J	F	M	A	M	J	J	A	S	O	N	D

Typisch

Der typische Wuchsort des Alpen-Leinkrauts ist loser, grobsteiniger Untergrund, der kaum mit Feinerde durchsetzt ist. Von einem unterirdischen Wurzelstock gehen lange, unbewurzelte Ausläufer aus, die dem Feinschutt lose aufliegen und am Ende bogig aufsteigen.

Blütenfarbe Gelb

Aurikel (§)

Primula auricula

Die größte unserer alpinen Primeln trägt viele Namen: Gamsblume oder Schwindelkraut heißt sie, weil man früher glaubte, sie mache nicht nur die Gämsen, sondern auch die Jäger schwindelfrei. Kraftkraut oder Sanikel (von lateinisch sanus *– gesund) wird sie genannt, weil sie lange Zeit als Heilpflanze gegen alles Mögliche galt, von Lungenkrankheiten über Hautunreinheiten bis zur Epilepsie. Ihre rundlichen Blätter schließlich trugen ihr ursprünglich den botanischen Namen* auricula ursi *ein, zu Deutsch »Bärenöhrchen«. Daraus wurde das heute gebräuchliche Aurikel, während sie im Englischen, Italienischen und Holländischen ein »Bärenohr« (bear's ear, orecchio d'orso, beerenoor) geblieben ist.*

VORKOMMEN in den nördlichen und südlichen Kalkalpen, seltener auch in den Zentralalpen; in etwa 1000–3000 m Höhe; auch in den anderen mittel- und südeuropäischen Gebirgen; auf kalkreichem, eher feuchtem Boden; in steinigen Rasen, auf Fels und Schutt, in sickerfeuchten Spalten

MERKMALE 5–25 cm hohe, immergrüne Staude mit grundständiger Blattrosette, aus der ein dicker, fleischiger Blütenschaft sprießt; Blätter ledrig, verkehrt eiförmig, glattrandig oder ganz leicht gezähnt, wie mit Mehl bestäubt; Blüten zu 5–20 in einer Dolde beieinanderstehend, goldgelb, trichterförmig; Frucht eine 5 mm dicke, kugelige Kapsel

VERWENDUNG Kreuzungen der Aurikel mit der rot blühenden Behaarten Primel (siehe Seite 70/71) ergaben die beliebten Garten-Aurikeln, die in den verschiedensten, auch farblich von den Wildarten abweichenden Sorten gezüchtet wurden.

Typisch

Die Blüten, die sich auf ihrem hohen, fleischigen Schaft alle zur selben Seite neigen, verströmen einen starken, angenehm süßlichen Duft.

BLÜTEZEIT

J	F	M	**A**	**M**	**J**	J	A	S	O	N	D

Immergrünes Hungerblümchen (§)

Draba aizoides

So winzig das kleine Hungerblümchen auch ist, gegen Kälte und gegen Austrocknung durch Wind erweist es sich als besonders unempfindlich. Mit bereits im Herbst vorgebildeten Blütenknospen überwintert es selbst auf wetterexponierten Felsen, sogar oft ohne den isolierenden Schutz einer Schneebedeckung. Sobald die Tage wieder länger werden, reckt es dann als einer der ersten Frühlingsboten im Hochgebirge seine zarten Blütchen empor. Den Namen »Hungerblümchen« haben ihm seine im Tiefland wachsenden Verwandten eingetragen. Diese blühen oft in großer Zahl auf sandigen, mageren Böden, in Gebieten also, die schlechte Ernten vermuten lassen.

Die steifen, ledrigen Blätter halten Kälte ebenso gut aus wie Trockenheit und Hitze. Erst wenn es heißer als 35 °C ist, drosseln sie ihren Stoffwechsel und verfallen in eine Art »Sommerschlaf«.

VORKOMMEN außer in den Alpen auch in den übrigen mittel- und südeuropäischen Gebirgen; in 1600–3600 m Höhe; stets auf kalkreichem Untergrund; auf Felsbändern und ausgesetzten Graten, auf ruhendem Felsschutt und steinigen Rasen; zerstreut auftretend

MERKMALE 5–10 cm hohe, immergrüne Zwergstaude mit dichten Blattrosetten aus schmalen, bis 2 cm langen, ledrigen Blättern; daraus sprießen blattlose Stängel, die am Ende dicht gedrängt 5–10 goldgelbe Blüten tragen; je 4 Kelch- und Kronblätter, die jeweils ein Kreuz bilden (Familie der Kreuzblütengewächse!); Frucht eine ovale, abgeflachte Schote mit kurzem Schnabel

VERWENDUNG Das robuste Immergrüne Hungerblümchen ist eine beliebte Steingartenpflanze. Im Handel wird es auch als Immergrünes Felsenblümchen geführt.

VERWANDTE ARTEN Über 270 *Draba*-Arten bevölkern die Nordhalbkugel unserer Erde, neben gelb blühenden auch solche mit weißen Blüten. *Draba aizoides* ist in den europäischen Gebirgen zwar die häufigste Art, aber noch lange nicht die kleinste: Die *Draba*-Art Hoppes Felsenblümchen (*Draba hoppeana*) etwa wird mit 1–5 cm Wuchshöhe gerade mal halb so groß.

Typisch

Die schmalen Rosettenblätter fühlen sich ledrig derb an und tragen am Rand eine Reihe borstiger Wimpernhaare.

Fetthennen-Steinbrech (§)

Saxifraga aizoides

Der Fetthennen-Steinbrech liebt es feucht. In Quellfluren und entlang von Gebirgsbächen breitet er sich gelegentlich zu üppigen Rasen aus. Weil seine Samen schwimmfähig sind und wochenlang ohne Schaden im Wasser treiben können, werden sie nicht selten weit in die Täler und ins Alpenvorland hinab getragen. Auf diese Weise kommt die Gebirgsblume mit der Isar gelegentlich bis nach München.

Nicht selten haben die Blüten statt rein gelber Kronblätter orange getüpfelte oder gänzlich orange Kronblätter. Ein dicker Ringwulst in der Mitte der Blüte produziert den Nektar.

VORKOMMEN im ganzen Alpenraum recht häufig, im Alpenvorland zerstreut; in 600–3000 m Höhe; auch in den übrigen europäischen Gebirgen sowie in der Arktis Eurasiens und Nordamerikas; vorzugsweise – aber nicht nur – auf Kalk; in Quellfluren und Flachmooren, an Bachrändern, auf feuchten alpinen Rasen, Felsen, Gesteinsschutt

MERKMALE 5–25 cm hohe Staude, die einen lockeren Rasen bildet mit vielen sterilen Trieben und bogig aufsteigenden Blütenstängeln; Blätter fleischig, linealisch schmal, sitzen dicht an dicht an den Trieben und Stängeln; Blüten zu einem lockeren, traubigen Blütenstand zusammengefasst, Kronblätter gelb, gelegentlich orange (siehe Bild Seite 22); Früchte vielsamige Kapseln

ÄHNLICHE ART Vorwiegend in den Zentralalpen, auf kalkarmen Böden, wächst der Alpen-Mauerpfeffer (*Sedum alpestre*), der ähnlich dickfleischige, aber kleinere Blätter hat.

BLÜTEZEIT

J	F	M	A	M	J	J	A	S	O	N	D

Typisch

Ein dicker, häufig orange gefärbter Ringwulst im Zentrum der Blüte produziert reichlich Nektar. Weil dieser offen daliegt, ist er auch für kurzrüsselige Insekten wie Fliegen zu erreichen. Fliegen sind daher die Hauptbestäuber des Steinbrechs.

Gelber Alpenmohn † (§)

Papaver rhaeticum

Mitten im Kalkschutt der Hochalpen wächst das zarte Pflänzchen, ein kleines, blaugrünes Blätterbüschel, das sich gegen die beweglichen Steinbrocken stemmt. Ein dichter Faserfilz schützt dabei die Basis seiner Blätter gegen die harten Kanten der Steine, eine lange Pfahlwurzel dient seiner festen Verankerung. Nicht selten ist der Alpenmohn das einzige Gewächs, das sich in den beweglichen Schutthalden des Hochgebirges auf Dauer halten kann.

VORKOMMEN in den Zentralalpen und südlichen Kalkalpen; auch in den Pyrenäen; vorzugsweise auf Kalk- und Dolomitgestein, seltener auch auf Kalkschiefer; in 1800–3000 m Höhe, auf beweglichem Felsschutt, Geröll und Gletschermoränen; nur zerstreut vorkommend

MERKMALE 5–20 cm hohe Zwergstaude; Blätter alle grundständig, gefiedert, mit nur 5 mm breiten Zipfeln, behaart; Stängel blattlos, jeweils nur eine Blüte tragend; Blüte anfangs nickend, richtet sich beim Aufblühen auf, wobei die 2 borstig behaarten Kelchblätter abfallen; 4 breite Kronblätter, die häufig zunächst orange sind, später aber immer leuchtend sonnengelb; schlanke, becherförmige Kapselfrucht

ACHTUNG! Der in der Pflanze enthaltene Milchsaft ist giftig.

VERWANDTE ART Der Weiße Alpenmohn (*Papaver sendtneri*) vertritt seinen Verwandten auf der Nordseite des Alpenhauptkamms. Abgesehen von der Blütenfarbe sieht er ihm recht ähnlich. Seine Blätter haben lediglich etwas schmälere Blattzipfel und sind noch dichter behaart.

BLÜTEZEIT

J	F	M	A	M	**J**	**J**	**A**	S	O	N	D

Typisch

Wenn man Stängel oder Blätter des Alpenmohns abbricht, tritt ein weißer Milchsaft aus.

Großblütiges Sonnenröschen

Helianthemum grandiflorum

Die hübschen kleinen Bergpflanzen sind rechte Sonnenanbeter. Damit sie nur ja genug Licht abbekommen, richten Sonnenröschen ihre Blüten stets nach dem Stand der Sonne aus. Das Thermometer muss mehr als 20 °C zeigen, damit sich ihre knallgelben Blüten öffnen. Bei Kälte sowie bei Dunkelheit und Regen bleiben sie fest geschlossen beziehungsweise schließen sich unverzüglich wieder.

Die Lebensdauer der zarten Blüten beträgt nur einen einzigen Tag.

VORKOMMEN in den Westalpen ziemlich häufig, in den Ostalpen eher zerstreut; in 1500–2700 m Höhe; vor allem auf Kalkgestein; auch in den übrigen Gebirgen Mittel- und Südeuropas; in Trockenrasen, auf ruhendem Felsschutt, Felsbändern und Geröll

MERKMALE 10–14 cm hoher, an der Basis verholzter Halbstrauch mit zahlreichen bogig aufsteigenden Trieben; Blätter schmaloval, ganzrandig, gegenständig am Stängel sitzend, an ihrem Ansatz je zwei kleine Nebenblätter; Blüten in wenigblütigen Trauben in den oberen Blattachseln, sonnengelb, 2–3 cm im Durchmesser; Frucht eine ovale Kapsel

VERWANDTE FORMEN Das Großblütige Sonnenröschen kommt in zwei Varianten vor. Östlich einer Grenze Salzburg—Oberkärnten hat es kahle, glänzende Laubblätter, westlich davon sind die Blätter beidseitig behaart.

Typisch

An den Blütenstängeln hängt meistens zusammen mit den geöffneten Blüten auch eine Vielzahl nickender Knospen.

BLÜTEZEIT

J	F	M	A	M	**J**	**J**	**A**	S	O	N	D

Zwergmiere

Minuartia sedoides

Auf frischem Gesteinsschutt gehört die kleine Miere oft zu den ersten Pflanzen, die darauf Fuß fassen. Auch an völlig exponierten Hängen und windumtosten Graten hält sie sich wacker. Ihre dichten Polster sind unempfindlich gegen die zerrenden und schmirgelnden Kräfte des Windes und seine austrocknende Wirkung. Auch Kälte macht ihr nichts aus. Ihre Samen reifen tatsächlich während des Winters heran, wobei die Fruchtkapseln allerdings tief in die schützenden Polster eingesenkt sind. Es gehört zu den ungelösten Rätseln der Alpenflora, wie die Samen daraus zur Verbreitung gelangen.

VORKOMMEN in den Alpen in 2000–3800 m Höhe; auch in den Pyrenäen und Karpaten, auf dem Balkan und in Schottland; sowohl auf Kalk- wie auf Silikatgestein; auf steinigen Rasen, Moränen, Schutt, Graten und Felsbändern; zerstreut

MERKMALE 2–5 cm hohe, dichte Flachpolster bildende Staude mit sehr dicht beblätterten Stängeln; Blätter linealisch schmal, zu einer Rinne gefaltet, gegenständig am Stängel sitzend; Blüten einzeln am Triebende, etwa 0,5 cm im Durchmesser, grünlich gelbe Sterne aus Kelchblättern, Kronblätter meist fehlend; Früchte längliche Kapseln, die über den Winter an der Pflanze bleiben

ÄHNLICHE ART Ebenso flache, dichte Kissen bildet die Mannsschild- oder Polstermiere (*Minuartia cherlerioides*), die man aber nur in den nordöstlichen und südöstlichen Kalkalpen antrifft. Ihre kleinen Blüten haben, ungewöhnlich für Nelkengewächse, nicht fünf, sondern nur vier Kelch- und Kronblätter. Allerdings kommen ihre weißen Kronblätter häufig nicht zur Ausprägung.

BLÜTEZEIT

J	F	M	A	M	**J**	**J**	**A**	**S**	O	N	D

Typisch

Die Zwergmiere kommt in der Regel ohne Kronblätter aus, nur manchmal sieht man noch fadendünne, weißliche Reste davon. Die grünlich gelben Kelchblätter übernehmen den Schutz der inneren Blütenorgane.

Kriechende Nelkenwurz

Geum reptans (§)

Die Kriechende Nelkenwurz begibt sich gern auf unsicheres Gelände. Und so findet man sie häufig als eine der ersten Pflanzen auf losem, beweglichem Felsschutt. Mit einem langen, kräftigen Wurzelstock fest verankert, schiebt sie bis zu einem Meter lange Ausläufer über den Boden, die an ihren Enden jeweils wurzelnde Tochterpflänzchen entwickeln. Wird die ganze Pflanze unter nachrutschendem Geröll begraben, suchen sich die Ausläufer zwischen den Steinen wieder einen Weg ans Tageslicht. Um das »Herz« der Pflanze vor Verletzung durch Steinschlag zu schützen, bleiben die unteren Teile abgestorbener Blätter erhalten und bilden ein deckendes Kissen um die inneren, lebenden Teile.

Typisch

Die zahlreichen Griffel fallen beim Verwelken der Blüte nicht ab, sondern entwickeln sich zu rund 3 cm langen, fedrig behaarten Flugorganen, mit denen die kleinen Früchtchen später im Wind auf Reisen gehen.

VORKOMMEN in den Zentralalpen häufig, in den nördlichen und südlichen Kalkalpen selten; auch in den Gebirgen Mittel- und Südeuropas; in 2000–3800 m Höhe; auf feuchtem Grob- und Feinschutt, Gletschermoränen, in Zwergstrauchheiden, auf Bachschwemmland

MERKMALE 5–15 cm hohe Staude mit langen, rötlichen Ausläufern; Blätter meist flach über dem Boden, gefiedert, Fiederblättchen mit gezacktem Rand, unterseits stark behaart; Blüten einzeln auf roten, aufrechten Stielen, leuchtend gelb, mit zahlreichen Griffeln und Staubbeuteln; Griffel bleiben an den Früchtchen erhalten und bilden einen langen, federhaarigen, rötlichen Fruchtschopf, der der Pflanze zu dem volkstümlichen Namen Gletscher-Petersbart verhalf.

VERWENDUNG Weil die Kriechende Nelkenwurz in ihrem Wurzelstock das ätherische Öl Eugenol (Nelkenöl) enthält, hat man sie früher als Ersatz für Gewürznelken verwendet. Die gerbstoffreichen Blätter wurden in der Volksheilkunde gegen Verdauungsbeschwerden und zum Gurgeln bei Halsentzündungen eingesetzt.

Berg-Nelkenwurz

Geum montanum

Typisch

Anders als die Kriechende Nelkenwurz (siehe Seite 220/221) und die Nelkenwurz-Arten des Tieflands bildet die Berg-Nelkenwurz als einzige keinerlei Ausläufer aus.

Nicht nur die leuchtend gelben Blüten der Berg-Nelkenwurz stechen ins Auge, auch die rothaarigen Wuschelköpfe der Fruchtstände sind wahre Hingucker. Berg- oder Alpen-Petersbart heißt die Pflanze daher im Volksmund auch. Im Zentrum der Blüten stehen neben zahlreichen Staubblättern nicht minder viele Griffel. Beim Verwelken bleiben diese erhalten, ja sie strecken sich noch und werden zu fedrigen Anhängseln der heranreifenden Früchtchen (siehe Bild links). Als »Federschweifflieger« werden diese schließlich vom Bergwind in alle Richtungen davongetragen.

VORKOMMEN in den Zentralalpen häufig, in den nördlichen und südlichen Kalkalpen nur zerstreut; außerdem in den übrigen Gebirgen Mittel- und Südeuropas; in 1700–2600 m Höhe; hauptsächlich auf kalkarmen Böden; auf Weiderasen, in feuchten Senken, Matten und Hochstaudenfluren

MERKMALE zur Blütezeit 5–10 cm, zur Fruchtzeit bis zu 30 cm hohe Staude ohne Ausläufer; Grundblätter gefiedert, Stängelblätter nur klein, höchstens dreiteilig; Blüten einzeln am Stängelende, leuchtend gelb; Früchtchen mit verlängertem, fedrigen Griffel, bilden in ihrer Gesamtheit einen auffälligen Schopf

VERWENDUNG Ebenso wie die Kriechende Nelkenwurz (siehe Seite 220/221) enthält auch die Berg-Nelkenwurz in ihrem Wurzelstock Nelkenöl und reichlich Gerbstoffe. Sie wurde daher in der Volksmedizin gegen Halsentzündung, Durchfall und Blutharnen genutzt. Volksnamen wie Wasser-Bergwurz oder Trübkraut zeugen davon.

BLÜTEZEIT

J	F	M	A	M	J	J	A	S	O	N	D

Die gefiederten Blätter der Berg-Nelkenwurz zeichnen sich dadurch aus, dass die Endfieder ungleich größer ist als die übrigen Fiederpaare.

Strauß-Glockenblume (§)

Campanula thyrsoides

Typisch

Die dichten Blütenähren, die sich aus bis zu 200 Einzelblüten zusammensetzen, ragen wie breite Kolben aus der Wiese heraus.

BLÜTEZEIT

J	F	M	A	M	J	J	A	S	O	N	D

Den eindrucksvollen Blütenstand der Strauß-Glockenblume kann man nicht jedes Jahr bestaunen. Sie wächst gewöhnlich zweijährig, das heißt, im ersten Wuchsjahr bildet sie nur eine Blattrosette, erst im zweiten Jahr kommt sie zur Blüte, fruchtet und streut neue Samen aus. An manchen Standorten aber dauert es nicht nur zwei, sondern gleich mehrere Jahre – im Extremfall sogar bis zu zehn –, bis die Pflanze zur Blühreife gelangt. Auf jährlich gemähten oder beweideten Wiesen hat die Strauß-Glockenblume folglich so gut wie keine Chance zu überleben.

VORKOMMEN vor allem in den nördlichen und südlichen Randalpen, in den Zentralalpen selten; auch in den übrigen Gebirgen Mittel- und Südeuropas; in 1500–2500 m Höhe; auf kalkreichen, feuchten Böden; auf alpinen Rasen, steinigen Bergwiesen, ruhendem, von Rasen überwachsenem Felsschutt, auf Felsbändern und an Wegrändern

MERKMALE 20–60 cm hohe, meist zweijährig wachsende, rauhaarige Pflanze; Stängel aufrecht, kantig, vor allem im unteren Teil dicht beblättert; Blätter lang lanzettlich, mit glattem, oft welligem Rand; Blüten blassgelbe glockenförmige Trichter, in den oberen Blattachseln, zu einer dichten Ähre zusammengefasst; Früchte trockene Porenkapseln

VERWANDTE ART Eine östliche Unterart, die Krainer Strauß-Glockenblume (*Campanula thyrsoides* ssp. *carniolica*), wird bis zu 80–120 cm hoch. Sie wächst in den Karnischen Alpen sowie in den Bergen Kroatiens.

Bei der Krainer Strauß-Glockenblume sind die Tragblätter der Blüten länger als die Blüten selbst und ragen daher aus dem Blütenstand heraus.

Gelber Enzian (§)

Gentiana lutea

Unübersehbar ragen sie aus den Bergwiesen auf, die hohen Stängel des Gelben Enzians mit ihren dichten Blüten-Etagen. Sogar über den Winter bleiben sie oft stehen, dann zwar braun und dürr, aber standhaft. Die stattlichen Stauden wachsen im rauen Bergklima nur sehr langsam. Sie können bis zu 60 Jahre alt werden – für eine nicht verholzte Pflanze ein erstaunliches Alter. Ihre oft über einen Meter lange, rübenförmige Wurzel kann bis zu sieben Kilogramm schwer werden.

Auf breiten Tragblättern präsentiert der Gelbe Enzian seine Blüten wie auf einer Etagere.

VORKOMMEN vor allem im Alpenvorland und in den nördlichen Kalkalpen, bis in 2500 m Höhe, seltener in den Zentral- und südlichen Kalkalpen; ausschließlich auf Kalkböden; auch in anderen Gebirgen Mittel- und Südeuropas; auf Weiden, Hochstaudenfluren, Felsschutt und alpinen Rasen

MERKMALE bis 1,20 m hohe Staude; Blätter oval, vorne zugespitzt, bis zu 25 cm lang, mit kräftigen, längs verlaufenden Blattadern; Stängel gerade, unverzweigt, bis oben hin beblättert; in den Achseln der oberen Blattpaare dichte Blütenquirle, Krone goldgelb, aus 5 schmalen, spitzen Blütenblättern, die nur an der Basis verwachsen sind und sich weit zu einem Stern öffnen

VERWENDUNG Aus der Wurzel, die in hoher Konzentration appetitanregende und verdauungsfördernde Bitterstoffe enthält, werden traditionell Enzianschnäpse hergestellt (auch wenn auf den Flaschenetiketten fälschlicherweise meist ein blauer Enzian abgebildet ist). Außerdem wurde der Gelbe Enzian vielfach als Heilpflanze genutzt und deshalb so stark gesammelt, dass er regional vom Aussterben bedroht war und unter strengen Schutz gestellt werden musste. Die heute zu Schnaps und Heilmitteln verarbeiteten Enzianwurzeln stammen größtenteils aus feldmäßigem Anbau.

ÄHNLICHE ART Die Blüten des nur etwa halb so hohen Punktierten Enzians (*Gentiana punctata*) bilden einen eher kopfigen Blütenstand am Ende des Stängels. Auch er enthält heilsame Bitterstoffe in der Wurzel, jedoch in viel geringerer Konzentration.

BLÜTEZEIT

J	F	M	A	M	**J**	**J**	**A**	S	O	N	D

Typisch

Die breiten Blätter des Gelben Enzians sitzen stets kreuzgegenständig am Stängel. Dies ist auch außerhalb der Blütezeit ein sicheres Unterscheidungsmerkmal zum hochgiftigen Weißen Germer *(siehe Seite 142)**.*

Arnika † (§)

Arnica montana

Typisch

Die gegenständig am Stängel sitzenden kleinen Laubblätter unterscheiden die Arnika eindeutig von allen anderen Korbblütengewächsen, deren Stängel, wenn überhaupt, stets wechselständig beblättert sind.

BLÜTEZEIT

J	F	M	A	M	J	J	A	S	O	N	D

Bergwohlverleih heißt die Arnika mit einem alten deutschen Namen, ein Name, der viel aussagt über die ihr zugesprochenen Qualitäten als Heilpflanze. Seit alters wurde sie gegen allerlei Beschwerden eingesetzt, aber auch als Stimulans, denn ihre giftigen Inhaltsstoffe beschleunigen den Pulsschlag. So wird zum Beispiel von Goethe berichtet, dass er sich durch regelmäßige Einnahme von Arnikatropfen aufputschte. Heute wird von einer innerlichen Anwendung von Arnikatinktur dringend abgeraten.

VORKOMMEN im gesamten Alpenraum, vom Alpenvorland bis in 2800 m Höhe; auch in den Pyrenäen, nach Osten bis zum Balkan, nach Norden bis Südskandinavien; auf kalkarmen, trockenen Böden; zerstreut in lichten Wäldern, auf Wiesen und Weiden

MERKMALE 20–60 cm hohe Staude mit drüsenhaarigem, geradem Stängel, der aus einer Blattrosette herauswächst; Blätter derb, breit lanzettlich, ganzrandig, in 1–3 gegenständigen, kleinen Paaren auch am Stängel; Blütenköpfe meist einzeln, bis 7 cm breit, sowohl die in der Mitte sitzenden, kleinen Röhrenblüten als auch die randlichen, langen Zungenblüten dottergelb, stark aromatisch duftend; Früchte mit Haarkrone zur Flugverbreitung

VERWENDUNG Früher wie heute wird Arnikatinktur und Arnikasalbe vielfach für Umschläge und zum Einreiben bei Blutergüssen, Zerrungen und Quetschungen verwendet. Sie hat eine durchblutungsfördernde Wirkung. Allerdings reizt sie die Haut, weshalb sie keinesfalls auf Wunden angewendet werden sollte.
Inzwischen gibt es eine gezüchtete Sorte, die sich für den Feldanbau eignet, damit die Wildbestände geschont werden. Dennoch wird von Firmen, die Naturheilmittel herstellen, Arnika auch heute noch tonnenweise der Natur entnommen, vorwiegend in Osteuropa.

Selten erstrahlen die auf hohen Stängeln prangenden Blütenköpfe mit einem gleichmäßigen Kranz gelber Zungenblüten. Meist wirken sie recht zerzaust.

Großblütige Gämswurz

Doronicum grandiflorum

BLÜTEZEIT

J	F	M	A	M	J	**J**	**A**	S	O	N	D

Typisch

Der Stängel ist hohl, die daran sitzenden Blätter umfassen ihn mit ihrer Basis. Sowohl Stängel wie auch Blätter sind dicht zottig behaart.

Weil in Kraut und Wurzelstock der Gämswurz ein Süßstoff enthalten ist, wird die Pflanze gern von Gämsen, Hirschen und Ziegen gefressen. Regional heißt sie deshalb auch Hirschwurz oder Ziegenkraut. Da man an Gämsen beobachtete, dass sie offenbar absolut schwindelfrei sind, erhoffte man sich früher gleichfalls Schwindelfreiheit, wenn man die süße Wurzel aß. Gamsjäger wie Wilderer machten davon gleichermaßen Gebrauch, ebenso aber auch Dachdecker.

VORKOMMEN ziemlich häufig in den nördlichen und südlichen Kalkalpen, seltener in den Zentralalpen; ebenso in den Pyrenäen und auf Korsika; in 1800–3200 m Höhe; ausschließlich über Kalkgestein; auf Felsschutt und lange von Schnee bedecktem Geröll, in steinigen alpinen Rasen

MERKMALE 10–40 cm hohe Staude mit aufrechten, gewöhnlich einköpfigen Stängeln; Grundblätter lang gestielt, breit eiförmig, grob gezähnt, Stängelblätter lanzettlich, wechselständig, an ihrer Basis den Stängel umfassend; Blütenkörbchen bis 8 cm breit, von behaarten Hüllblättern eingefasst, sowohl die zentralen Röhrenblüten als auch die randlichen Zungenblüten goldgelb; Früchtchen mit weißlichem Haarkranz zur Windverbreitung

VERWENDUNG Sennen verwenden die Blätter gern zum Würzen von Bergkräuterkäse.

ÄHNLICHE ART Die sehr ähnliche Zottige oder Clusius-Gämswurz (*Doronicum clusii*) stellt das Pendant zur Großblütigen Gämswurz dar, das in denselben Lebensräumen wächst, jedoch ausschließlich auf Silikatgestein.

Üblicherweise trägt jeder Stängel nur eines der sattgelb leuchtenden Blütenkörbchen.

Goldpippau

Crepis aurea

Mit einem lebhaften Farbenspiel aus orangegelben Tupfen überzieht der Goldpippau im Frühsommer zahlreiche Bergwiesen. Der Älpler sieht ihn gern, gilt er doch als ein gutes Viehfutter. Und so manche Sennen wissen mit seinen goldenen Blüten ihrer Butter und ihrem Käse eine ansprechende Farbe zu geben. Auch in der Insektenwelt hat er eine Menge Fans und damit auch Bestäuber: Falter, Käfer, Fliegen und Hummeln geben sich auf seinen Blütenköpfen ein Stelldichein.

Das Blütenköpfchen des Goldpippaus kann über 100 goldgelbe Zungenblüten enthalten (oben). Das Orangerote Habichtskraut trägt stets mehrere Blütenköpfchen auf seinen Stängeln (unten).

VORKOMMEN in den Gebirgen Mittel- und Südeuropas, vom Jura bis Kleinasien; in 1000–2900 m Höhe; auf nährstoffreichen, vorzugsweise kalkarmen Böden; auf Weiden, Fettwiesen und steinigen, aber nicht allzu trockenen Rasen

MERKMALE 10–30 cm hohe, mehrjährige Pflanze mit einer löwenzahnähnlichen Blattrosette, Blätter grob sägeartig gezähnt, unbehaart; Stängel blattlos oder mit 1–2 kleinen Blättchen, trägt stets nur ein einziges, bis 4,5 cm breites Blütenköpfchen, das ausschließlich Zungenblüten enthält; Samen mit weißen Flughaaren

ÄHNLICHE ART Auch die Blüten des Orangeroten Habichtskrauts (*Hieracium aurantiacum*) sind leuchtend gelborange bis orangerot gefärbt, sitzen aber meist zu zweit oder mehreren auf den Stängeln. Seine langen Grundblätter sind spatelförmig und beidseitig behaart.

Typisch

Der Stängel ist im oberen Teil dicht schwarz behaart und fühlt sich leicht klebrig an, ebenso die Hüllblätter des Blütenköpfchens. Aus dem abgepflückten Stängel tritt weißer Milchsaft aus.

Fuchssches Greiskraut †

Senecio ovatus

Nach dem Botaniker Leonhard Fuchs ist das hochwüchsige Greiskraut benannt, das sich nicht selten auf gut gedüngten Viehweiden breitmacht. Der Bergbauer sieht es gar nicht gern, kann es doch aufgrund der leberschädigenden Substanzen, die es enthält, dem Vieh gefährlich werden. Frisch wird es von den Tieren zwar gewöhnlich gemieden, im Heu oder der Silage aber fressen sie es ohne weiteres mit, weil es dann seine Bitterstoffe verloren hat. Die Giftstoffe aber bleiben erhalten. Man hat sie sogar in Kuhmilch und in Honig wiedergefunden.

Der Blütenstand des Greiskrauts wirkt meist etwas wirr.

VORKOMMEN in den gesamten Alpen; von Tallagen bis in 2200 m Höhe; auch in den Mittelgebirgen; in Kalkgebieten ebenso wie auf kalkarmen Böden; in feuchten, krautreichen Berg- und Schluchtwäldern, in Hochstaudenfluren, auf gedüngten Weiden; häufig

MERKMALE 50–150 cm hohe Staude, nur im Bereich des Blütenstands verzweigt; Blätter wechselständig am Stängel sitzend, lanzettlich, mit gesägtem Rand; Blütenkörbchen gelb, aus meist 5 zungenförmigen Randblüten und einem guten Dutzend röhrenförmigen Scheibenblüten; Früchtchen mit weißem Haarkranz

ACHTUNG! Wie alle Greiskräuter enthält auch diese Art in allen Pflanzenteilen Alkaloide, die leberschädigend und krebsauslösend wirken. Vergiftungssymptome treten sehr spät auf, zum Teil erst nach Monaten.

VERWENDUNG Früher hat man das Fuchssche Greiskraut verbreitet auch Wundkraut genannt, wurde es doch in der Volksmedizin als Mittel gegen allzu starke Menstruationsblutungen und andere Schleimhautblutungen eingesetzt. Aufgrund der inzwischen erkannten Giftigkeit der Pflanze wird davon heutzutage dringend abgeraten.

BLÜTEZEIT

J	F	M	A	M	J	**J**	**A**	**S**	O	N	D

Typisch

Die Körbchenblüten, die für unser Auge einheitlich gelb wirken, erscheinen den UV-empfindlichen Insektenaugen kontrastreich zweifarbig. Der Grund: Die randlichen Zungenblüten zeigen eine starke UV-Reflexion, während die Röhrenblüten im Zentrum das UV-Licht absorbieren.

Alpen-Hornklee

Lotus alpinus

Der Alpen-Hornklee gibt sich nicht mit nur einer einzigen Blütenfarbe zufrieden. Vielmehr wechseln seine Blüten beim Abblühen von ihrem leuchtenden Gelb in ein kräftiges Orangerot. Biologen sehen darin ein Signal an die Insekten, das besagt: »Blüte bereits geleert, Anflug nicht mehr lohnend!« Auch um Blütenbesucher mit Pollen zu beladen, zeigt sich der Hornklee erfinderisch. Landet eine Hummel oder ein Schmetterling auf dem Schiffchen, dem unteren Kronblatt der Schmetterlingsblütengewächse, so wird von den Staubblättern durch einen Pumpenmechanismus jeweils eine Portion Pollen an der vorderen Schiffchenspitze herausgeschoben und dem Insekt an den Bauch gedrückt.

VORKOMMEN im gesamten Alpenraum, vor allem in den Westalpen recht häufig; in 1200–3000 m Höhe, meist über 2000 m Höhe; vorzugsweise auf Kalkgestein; auf trockenen, steinigen Rasen, Feinschutt und Anschwemmungen

Die Blüten des Alpen-Hornklees sind oft ganz oder teilweise orangerot gefärbt.

Der rein gelb blühende Hufeisen-Klee hat deutlich längere Blätter mit mehr Fiederpaaren.

MERKMALE 5–10 cm hohe Staude mit niederliegenden Stängeln, die sich nur mit den Blütentrieben aufrichtet; Blätter gefiedert, meist 5 breit lanzettliche Fiederblätter, 2 davon nebenblattartig direkt am Stängel; typische Schmetterlingsblüten, meist zu zweit oder dritt am Stängelende, zunächst gelb, später orange, stets mit purpurner Schiffchenspitze; Frucht eine schwärzliche, gerade Hülse

ÄHNLICHE ART Die in der Form ähnlichen Blüten des Hufeisen-Klees (*Hippocrepis comosa*) sind – und bleiben – vollständig gelb. Der in Kalkgebieten vom Tal bis in 2800 m Höhe durchaus nicht seltene Klee hat seinen Namen von seinen »schlängeligen« Fruchthülsen, die sich aus einer Reihe sichelförmiger Glieder zusammensetzen.

BLÜTEZEIT

J	F	M	A	M	J	J	A	S	O	N	D

Typisch

*Der Alpen-Hornklee zeichnet sich durch eine dunkelpurpurne Schiffchenspitze aus – im Gegensatz zum Gewöhnlichen Hornklee (*Lotus corniculatus*). Dieser ist im Tiefland ebenso wie im Gebirge vertreten und hat ein Blütenschiffchen mit einer weißlichen, gelben oder schwach rötlichen Spitze.*

Braunklee

Trifolium badium

Auf Almweiden ist der Braunklee ein gern gesehenes Gewächs, gibt er doch eine hervorragende, eiweißreiche Futterpflanze ab. Und im Gegensatz zu vielen anderen Alpenpflanzen macht ihm weder die reichliche natürliche Düngung durch das Vieh noch der Einsatz von Kunstdünger etwas aus. Im Gegenteil: Zur Freude der Almbauern wächst er dadurch nur noch üppiger.

VORKOMMEN im gesamten Alpenraum häufig; außerdem von den Pyrenäen bis zum Balkan; in 800–2200 m Höhe, manchmal sogar bis 3000 m Höhe; überwiegend auf kalkhaltigen, feuchten Böden; auf Viehweiden, alpinen Rasen, Quellfluren

Der Feldklee zählt zu den Pionierpflanzen, die nährstoffarme Standorte besiedeln. An den verblühten Köpfchen bleiben die Blütenblätter haften, werden pergamentig dürr und krümmen sich zu einem ballonartigen Segel. Mit dessen Hilfe kann der Wind die winzigen Nüsschen davontragen.

MERKMALE 10–20 cm hohe Staude mit teils aufrechten, teils bogig aufsteigenden Stängeln; Blätter gestielt, zusammengesetzt aus drei Teilblättchen, Teilblättchen oval, an der Basis des Blattstiels zudem lanzettlich schmale Nebenblätter; Blüten knapp 1 cm lange, goldgelbe Schmetterlingsblüten, die zu einem vielblütigen, kugeligen Blütenstand zusammengefasst sind; Frucht eine rundliche, nur 2 mm große Hülse

ÄHNLICHE ART In tieferen Lagen, selten über 1800 m Höhe, wächst der ähnliche Feldklee (*Trifolium campestre*), der aber kleinere Blätter hat. Im Gegensatz zum Braunklee besiedelt er eher sandige Rasen, magere Wiesen und Wegränder und meidet stark gedüngte Weiden.

BLÜTEZEIT

J	F	M	A	M	J	J	A	S	O	N	D

Typisch

Beim Abblühen werden die Kronblätter größer, trocken und schokoladenbraun. Weil die unteren Teilblüten eines Blütenstands zuerst verblühen, sieht man oft Blütenköpfchen, die oben gelb und unten braun gefärbt sind.

Zweiblütiges Veilchen

Viola biflora

Das Zweiblütige oder Gelbe Veilchen ist ein zartes Geschöpf, das nur an geschützten Stellen gedeiht. Kaum zu glauben, dass es im Gebirge bis auf eine Höhe von 3000 Metern vorkommt, wo es doch Temperaturen unter –12 °C nicht aushalten kann. Aber an Stellen, an denen im Winter eine dicke Schneedecke die Vegetation schützt, überlebt es. Im Sommer wird es ihm umgekehrt schnell zu warm. Weil seine dünnen und spärlichen Wurzeln nur eine geringe Saugkraft zuwege bringen, verdorrt es in praller Sonne rasch. An schattigen, luftfeuchten Stellen fühlt es sich hingegen wohl. Tatsächlich ist sein Lichtbedürfnis so gering, dass es sich sogar ein gutes Stück in Kalkhöhlen hineinwagt. Es kommt noch mit einem Sechzigstel des normalen Tageslichts aus.

VORKOMMEN in den Alpen von Tallagen bis in 3000 m Höhe; auch in den übrigen Gebirgen Europas, in der arktischen Zone und in Asien; vorwiegend auf Kalk; auf sickerfeuchten, steinigen Böden, an

Die auffällige dunkle Aderzeichnung der Blütenblätter weist gelandeten Insekten, vor allem Fliegen, den Weg zur Nektarquelle.

Stellen mit hoher Luftfeuchtigkeit, etwa in Bergwäldern, als Unterwuchs in Hochstaudenfluren, an schattigen Schutthängen, in Karen; zerstreut, an geeigneten Stellen aber zahlreich

MERKMALE 5–15 cm hohe, rasenbildende Staude mit aufrechten, beblätterten, meist zweiblütigen Stängeln; Blätter gestielt, nierenförmig, mit gekerbtem Rand; Blüten mit 5 intensiv gelben Kronblättern, davon 4 nach oben gerichtet, das fünfte nach unten und dunkel violettbraun gezeichnet, nach hinten mit kurzem, geradem Sporn, nicht duftend; Frucht eine längliche, dreiklappige Kapsel

VERWENDUNG Bei Gartenfreunden ist das Zweiblütige Veilchen beliebt als Unterpflanzung von hohen Stauden oder Sträuchern. In der Volksmedizin wird ein Tee aus den Blättern als Mittel gegen Halsentzündung und Husten genutzt. Achtung: In den Wurzeln ist die brechreizerzeugende Substanz Violin enthalten.

BLÜTEZEIT

J	F	M	A	**M**	**J**	**J**	A	S	O	N	D

Typisch

Hat zur Hauptblütezeit keine Bestäubung durch Insekten stattgefunden, kann das Zweiblütige Veilchen später im Jahr noch Blüten ausbilden, die sich nicht mehr öffnen: In der geschlossenen Knospe findet dann eine spontane Selbstbestäubung statt.

Buchsblättrige Kreuzblume

Polygala chamaebuxus

Die kleinen, derben Blätter, die an Buchsbaum erinnern, standen Pate für die Namensgebung des bodendeckenden Strauchzwerges, den die einen Buchsblättrige Kreuzblume nennen, die anderen Alpen-Zwergbuchs. Auffällig sind seine zweifarbigen Blüten, die im Laufe ihres Lebens auch noch ihre Farbe wechseln. Ausschließlich Hummeln fungieren als Bestäuber. Nur diesen schweren Insekten gelingt es, wenn sie an der Spitze des Schiffchens landen, diese an einem vorgesehenen Gelenk herabzudrücken und so den Weg zum Pollen freizulegen.

VORKOMMEN in den Kalkketten der Alpen sowie im Alpenvorland häufig; außerdem in den süddeutschen Mittelgebirgen und von den Pyrenäen bis zum Balkan; von Tallagen bis in 2500 m Höhe; auf steinigen Halbtrockenrasen, in lichten Bergwäldern und Gebüschen, an sonnigen Hängen

In den Schweizer Bergen treibt es die Kreuzblume besonders bunt. Hier finden sich gebietsweise Exemplare, bei denen die großen, hochstehenden »Flügel« nicht weiß, sondern purpurrot gefärbt sind.

MERKMALE 5–25 cm hoher, stark verzweigter, immergrüner Halbstrauch mit liegenden bis aufsteigenden Trieben; Blätter ledrig, dunkelgrün, oval, an das Laub vom Buchsbaum erinnernd; Blüten zu 1–3 in den Achseln der oberen Blätter, ähneln Schmetterlingsblüten mit 2 hochstehenden »Flügeln« und einem vorstehenden, bis zu 3 cm langen »Schiffchen«, cremeweiß oder gelblich, Schiffchen mit kräftig gelber Spitze; Frucht eine herzförmige, etwas fleischige Kapsel

VERWENDUNG Die Buchsblättrige Kreuzblume ist in verschiedenfarbigen Varietäten als bodendeckende, pflegeleichte Steingartenpflanze beliebt.

LOKALE VARIETÄT Im Tessin und in Graubünden wächst eine Varietät dieser Pflanze, deren Blüten nicht nur besonders groß, sondern auch noch purpurrot gefärbt sind.

BLÜTEZEIT

J	F	M	A	M	J	J	A	S	O	N	D

Typisch

Von den fünf Kelchblättern sind zwei vergrößert und sehen wie Kronblätter aus. Sie bilden die beiden seitlich hochstehenden, weißen Flügel. Die drei Kronblätter sind zu einer langen Rinne verwachsen, die als Schiffchen vorsteht und in einem gelben Wulst endet.

Alpenrachen (§)

Tozzia alpina

Der Alpenrachen verbringt die ersten ein bis zwei Jahre seines Daseins im Untergrund. Als blattgrünloser Schmarotzer lebt er auf den Wurzeln des Alpendosts (siehe Seite 96/97) und anderer großblättriger Stauden und entzieht diesen sowohl das Wasser als auch sämtliche Nährstoffe, die er benötigt. Erst ab dem zweiten Jahr schiebt er beblätterte Triebe ans Licht, über die er künftig eigene Photosynthese betreibt. Fortan ist der Alpenrachen nur noch ein Halbschmarotzer, der seiner Wirtspflanze lediglich Wasser entzieht.

VORKOMMEN in den Alpen und anderen europäischen Gebirgen, von den Pyrenäen bis zum Balkan; in 1000–2600 m Höhe; auf kalkreichen, feuchten Böden; in schattigen Hochstaudenfluren, Gebüschen und unterwuchsreichen Gehölzen; ziemlich häufig

MERKMALE 10–50 cm hohe Staude mit aufrechten, verzweigten, vierkantigen Stängeln; Blätter gegenständig am Stängel sitzend, eiförmig, aber vorne zugespitzt, am Rand grob gezähnt; Blüten in kurzen Blütenständen, einzeln in den Achseln von Tragblättern, Krone gelb mit zweilappiger Oberlippe und dreilappiger, rot punktierter Unterlippe; Früchte kugelige Kapseln, tief im glockigen Kelch sitzend

ÄHNLICHE ART Der zierliche Zwerg-Augentrost (*Euphrasia minima*), eine der wenigen einjährigen Pflanzen der Alpen, besiedelt Zwergstrauchbestände in 1200–3300 m Höhe. Seine Blüten können gelb oder weiß sein mit unterschiedlicher violetter Zeichnung.

Typisch

Die dreilappige Unterlippe des Alpenrachens trägt ein zartes Muster aus violettbraunen Punkten und Strichen.

BLÜTEZEIT

J	F	M	A	M	**J**	**J**	**A**	**S**	O	N	D

Frauenschuh (§)

Cypripedium calceolus

So schön sie ist, unsere größte und prächtigste heimische Orchidee ist auch eine heimtückische Fallenstellerin. Durch Farbe und Duft ihrer Blüten lockt sie Insekten an, vor allem Fliegen und Sandbienen. Nach der Landung lässt sie diese in ihren zu einem Pantoffel aufgewölbten Blütenteil rutschen, dessen Ränder und Innenseiten mit einem öligen Überzug versehen sind. Eine einzige Aufstiegsmöglichkeit führt aus der Falle heraus, und zwar entlang der Stempelsäule an der »Ferse« des Schuhs. An dem engen Durchlass streifen die Gefangenen unvermeidlich an der Narbe sowie an den zwei Staubgefäßen entlang – und erledigen dabei die Bestäubung.

VORKOMMEN in den Kalkgebieten der Alpen, bis in etwa 2000 m Höhe; außerdem in den Gebirgen Mittel- und Nordeuropas und Nordasiens; auf kalkhaltigen, nährstoffreichen Böden; in lichten Laub- und Nadelwäldern, an verbuschten Berghängen; sehr selten

Die schmalen, rotbraunen Blütenblätter sind meistens ein wenig gewellt oder in sich gedreht. Und das bauchig aufgeblasene gelbe Blütenblatt liefert die Erklärung, warum die Pflanze im Volksmund auch Pantoffelblume heißt.

MERKMALE 20–70 cm hohe Knollenpflanze mit bogig aufrechtem Stängel; Blätter breitoval, vorne zugespitzt, mit deutlicher, paralleler Aderung, wechselständig am Stängel sitzend; am Stängelende 1–3 nickende, bis 9 cm große Blüten, deren gelbe Lippe zu einem rundlichen »Pantoffel« aufgebläht ist, während die übrigen Kronblätter schmal und purpurbraun sind und seitlich abstehen; Frucht eine vielsamige Kapsel

VERWENDUNG Hobbygärtner schätzen den heimischen Frauenschuh auch als Rarität für den Garten. Ihn dafür aus der Natur zu entnehmen ist selbstverständlich verboten! Die Art steht unter strengstem Naturschutz! Die als Zimmerpflanzen angebotenen Frauenschuhe zählen hingegen zu anderen Orchideen-Gattungen.

Typisch

Die bizarre Form der großen und auffälligen Blüten des Frauenschuhs macht jede Verwechslung ausgeschlossen.

BLÜTEZEIT

J	F	M	A	M	J	J	A	S	O	N	D

Holunder-Knabenkraut (§)

Dactylorhiza sambucina

Typisch

Die bis zu 15 cm hohen, dichten Blütenähren verbreiten einen zarten Duft nach Holunderblüten.

BLÜTEZEIT

J	F	M	A	M	J	J	A	S	O	N	D

Wo einige gelb blühende Holunder-Knabenkräuter wachsen, sind meist rot blühende Exemplare derselben Art nicht weit. Das ist kein Zufall, sondern pure Taktik. Die Pflanzen führen keinen Nektar, wollen aber dennoch von Insekten bestäubt werden. Es sind vorwiegend Hummeln, die die Blüten anfliegen. Den gerade erst geschlüpften Frühjahrstieren fehlt jede Erfahrung, und so versuchen sie einfach ihr Glück, sagen wir, bei einer gelben Blüte. Fehlanzeige! Bis die Hummel nach einigen Anflügen gelernt hat, dass es sich hier nicht lohnt, sind schon etliche Blüten bestäubt. Wendet sich das Insekt nun den roten Blüten zu, ahnt es nicht, dass es sich um Blüten derselben Art handelt. Bis es begriffen hat, dass es auch hier Pech hat, sind weitere Blüten bestäubt. Durch die zweierlei Blüten verdoppelt die Pflanze also ihre Chance auf Bestäubung, ohne Nektar investieren zu müssen.

VORKOMMEN vor allem in den Zentral- und Südalpen; auch im übrigen Europa und ostwärts bis zum Iran; von der Ebene bis in 2100 m Höhe; vorzugsweise auf Silikatböden; auf sonnigen Bergwiesen und Trockenrasen, in lichten Wäldern; besonders im Süden recht häufig und vielfach gesellig

MERKMALE 10–30 cm große Knollenpflanze mit aufrechtem, beblättertem Stängel; Blätter länglich, glattrandig, mit paralleler Äderung; Blüten mit schmalen, grünen Tragblättern, zu 20–30 zu einer Ähre zusammengefasst, äußere zwei Blütenblätter stehen ab, obere neigen sich zu einem Helm zusammen, das untere Blütenblatt bildet eine breite Lippe; entweder gelb mit rot getüpfelter Lippe oder orange- bis purpurrot mit gelbem Lippenschlund; Frucht eine Kapsel mit Tausenden winziger Samen

Die Blüten können von weißlich gelb bis kräftig zitronengelb gefärbt sein, doch immer tragen sie ein rotbraunes Tüpfelmuster auf der Lippe.

Bildnachweis

Cover: **Prisma-Zoonar-symbolpix**
U4: **Hippocampus Bildarchiv/Frank Teigler, Biosphoto**
Alle Zeichnungen Klappen, Innenteil: **Patricia Kestel/Kestel Concept & Design, Peter Nishitani, www.nishitani-illustrationen.de**

Arco Images: 220–221; **Biosphoto:** 4–5, 9, 17, 32, 33, 42–43, 48, 49, 50, 55, 56, 58, 61, 76, 83, 84, 86, 89, 111–1, 112–113, 118, 120, 124, 125, 131, 134, 135–1, 136, 159, 160, 164–165, 176, 183, 188, 189–1, 193, 194, 198, 202, 218, 224, 226, 230, 240, 246, 247, 248, 249; **Botanikfoto:** 151; **dpa:** 244; **FLPA:** 51, 101; **Fotofinder/Alimdi:** 36–37; **Fotofinder/Okapia:** 12; **Hippocampus Bildarchiv/Frank Teigler:** 26, 57, 59, 74, 79–1, 87–1, 90, 91, 92, 93, 95, 102, 103, 104, 105, 106, 109, 111–2, 114, 116, 122, 137, 140–141, 141, 143, 147–1, 148, 149, 157, 158, 163, 168, 169–1, 169–2, 171, 173, 175, 178, 181, 185, 197–2, 200, 205, 206–207, 216, 217, 225, 227, 228, 229, 233–1, 233–2, 234, 235, 236, 237–2, 241; **Mauritius Images:** 3, 8, 11–1, 13, 18, 44, 45, 52, 60, 63–1, 69, 72, 73, 75, 81, 96, 100, 138, 139, 150, 152, 155, 174, 182, 184, 187, 196, 210, 231, 239, 242, 243–2; **Premium:** 7, 11–2, 20–21, 22, 24, 27, 29–2, 31, 35, 38–2, 39, 40–41, 47, 53, 54, 62, 63–2, 64, 65, 68, 70, 78, 79–2, 80, 82, 87–2, 88, 98, 108, 110, 115, 119, 121, 127, 128, 129, 132, 133, 135–2, 142, 144, 146, 147–2, 153, 161, 162, 166, 167, 177, 179, 180, 186, 189–2, 190, 192, 208, 211, 212, 214; **Heinz Schmidbauer:** 14, 29–1, 29–3, 29–4, 30, 38–1, 46, 66, 94, 117, 130, 156, 170, 172, 195, 197–1, 204, 213, 223, 222, 232, 237–1, 238; **SPL:** 126; **Wildlife:** 154; **Konrad Wothe:** 243–1

Service

Deutschland

Bund für Umwelt und Naturschutz Deutschland e.V. (BUND)
Bundesgeschäftsstelle
Am Köllnischen Park 1
D–10179 Berlin
Tel.: 030/27586 – 40
www.bund.net

Naturschutzbund Deutschland e.V. (NABU)
Postfach
D–10108 Berlin
www.nabu.de

Deutscher Alpenverein e.V.
Bundesgeschäftsstelle,
Ressort Natur- und Umweltschutz
Von-Kahr-Str. 2–4
D–80997 München
www. alpenverein.de

Österreich

Naturschutzbund Österreich
Museumsplatz 2
A–5020 Salzburg
Tel.: 0043/662/642909
www.naturschutzbund.at

Schweiz

Pro Natura
Dornacher Straße 192
Postfach
CH–4018 Basel
Tel.: 0041/61/3179191
www.pronatura.ch

Internet

www.floraweb.de (Online-Informationsangebot des BfN)
www.wildblumen.net
www.green-24.de

Bücher

Aeschimann, D./Lauber, K./Moser, D. M./Theurillat, J-P.: *Flora alpina: Atlas sämtlicher 4500 Gefäßpflanzen der Alpen;* Haupt Verlag, Bern

Finkenzeller, X.: *Alpenblumen;* Ulmer, Stuttgart

Heß, D.: *Alpenblumen: erkennen, verstehen, schützen;* Ulmer, Stuttgart

Mertz, P.: *Alpenpflanzen in ihren Lebensräumen;* Haupt Verlag, Bern

Reisigl, H./Keller, R.: *Alpenpflanzen im Lebensraum;* Spektrum Akademischer Verlag, Heidelberg

Reisigl, H./Keller, R.: *Lebensraum Bergwald;* Spektrum Akademischer Verlag, Heidelberg

Zeitschriften

natur + kosmos, Medien, Leinfelden-Echterdingen

Pflanzen wunderschön (Das Pflanzenmagazin), Green-24 GMBH, Bochum

Impressum

Wichtiger Hinweis

Die Daten und Fakten dieses Ratgebers wurden mit äußerster Sorgfalt recherchiert und geprüft. Dennoch kann keine Garantie übernommen werden. Eine Haftung von Verlag und Autor für Personen-, Sach- und Vermögensschäden ist ausgeschlossen. Beim Bestimmen in der Natur müssen stets alle Merkmale beachtet werden.

Die Autorin **Dr. Helga Hofmann** studierte Biologie und Chemie und war viele Jahre als wissenschaftliche Mitarbeiterin am Botanischen Institut der Universität München tätig. Seit langem macht sie es sich zur Aufgabe, das Wissen über die Natur einer breiten Öffentlichkeit nahezubringen. Sie ist Verfasserin zahlreicher Bücher über Tiere und Pflanzen und deren Lebensweisen und engagiert sich für den Natur- und Artenschutz.

Umschlaggestaltung und Layout:
Independent Medien-Design, Horst Moser, München
Herausgeber: Georg Kessler
Projektleitung: Regina Denk
Lektorat: Barbara Becker
Redaktionelle Mitarbeit: Maria Hellstern
Bildredaktion: Daniela Laußer, Petra Ender (Cover)
Herstellung: Petra Roth
Satz: wortundart, Janette Schroeder, München/Berlin
Repro: Longo AG, Bozen
Druck und Bindung: Stürtz GmbH, Würzburg

Printed in Germany
ISBN 978-3-8338-2903-1
1. Auflage 2013